建筑施工百问系列丛书

砌筑工程

北京建工培训中心 组织编写

中国建筑工业出版社

图书在版编目（CIP）数据

砌筑工程/北京建工培训中心组织编写. —北京：
中国建筑工业出版社，2011.10
（建筑施工百问系列丛书）
ISBN 978-7-112-13531-8

Ⅰ. ①砌… Ⅱ. ①北… Ⅲ. ①砌筑-问题解答
Ⅳ. ①TU754.1-44

中国版本图书馆 CIP 数据核字（2011）第 177280 号

建筑施工百问系列丛书
砌 筑 工 程
北京建工培训中心　组织编写
*
中国建筑工业出版社出版、发行（北京西郊百万庄）
各地新华书店、建筑书店经销
霸州市顺浩图文科技发展有限公司制版
北京市密东印刷有限公司印刷
*
开本：850×1168 毫米　1/32　印张：6½　字数：174 千字
2012 年 1 月第一版　2012 年 1 月第一次印刷
定价：18.00 元
ISBN 978-7-112-13531-8
（21304）

版权所有　翻印必究
如有印装质量问题，可寄本社退换
（邮政编码　100037）

本书是"建筑施工百问系列丛书"之一。作者以砌筑工程为专题，采用一问一答的形式，对工程中所涉及的各类问题作了详细解答。主要内容有：砌体工程的定义、砌筑材料、砖砌体砌筑工程、混凝土小型空心砌块砌体工程、石砌体砌筑工程等。语言力求通俗易懂、图文并茂，便于基层技术、管理人员和操作人员阅读，起到自学辅导用书的作用，同时也可作为技术培训参考用书。

＊　　＊　　＊

责任编辑：周世明
责任设计：张　虹
责任校对：王誉欣　王雪竹

北京建工培训中心
《建筑施工百问系列丛书》
编写委员会

主 任 委 员：张云方
副主任委员：马建立　张武波　姜　伟　李　巍
顾　　　问：杨嗣信　王庆生　侯君伟　刘东兴　钟为德
　　　　　　　樊存曾
委　　　员：（按姓氏笔画排序）
　　　　　　　马守仁　王小端　王友祥　王金富　王玲莉
　　　　　　　牛　犇　邓春方　申晋忠　乔聚甫　刘国明
　　　　　　　刘昌武　孙　强　孙晓明　孙晓玲　孙朝阳
　　　　　　　杜长青　李　静　李志斌　李晓烨　杨立萍
　　　　　　　张长胜　张玉荣　陆　岑　陈长华　罗京石
　　　　　　　郝振国　袁　嫄　袁志旭　徐　伟　徐冠男
　　　　　　　高　原　高军芳　高晓茹　黄都育　常　宏
　　　　　　　梁建刚　鲁　锐
本 册 主 编：陆　岑　李晓烨　高军芳

前 言

根据国内建筑市场的发展需要，为了使广大从事建筑施工的人员能对当前新材料、新工艺、新技术的飞速发展，以及对国家和行业规范规程不断更新的现状有一个比较深入全面的了解与掌握，北京建工培训中心在多年从事建筑施工人员岗位培训的基础上，邀请集团资深技术人员和顾问专家编写建筑施工百问系列丛书。该系列分：地基和基础工程、砌筑工程、混凝土结构工程（包括模板、钢筋、预应力、混凝土工程）、钢结构工程、防水工程（包括地下、屋面、楼层防水）、装饰装修工程、给排水及建筑设备安装工程、建筑电气安装工程、建筑节能技术、测量工程等。

这次组织编写的内容，采取一问一答的形式，力求所答的内容做到"新"即符合新标准，属于新技术；"详"即问题回答详细，通俗易懂，目的是既便于基层技术管理人员掌握，也使操作人员能看懂，起到继续再教育的作用。

本系列丛书在编写中正处国家行业标准大量修订中，本书编写尽量采用新标准。另外，由于编写者水平限制，难免存在挂一漏万和错误，恳请广大读者指正。

2011 年 6 月

目 录

一、砌体工程的定义、特点和分类 ················· 1
  1-1 什么是砌体工程? ························· 1
  1-2 砌体结构有哪些特点? ····················· 1
  1-3 砌体工程如何分类? ······················· 1
  1-4 烧结多孔砖、烧结空心砖、砌块与烧结普通砖相比,
       在使用上有何技术经济意义? ··············· 2
  1-5 砌体结构发展趋势是什么? ················· 2

二、砌筑材料、施工机具及脚手架 ················· 3
  2-1 砌筑常用块材有哪几种? ··················· 3
  2-2 什么是烧结普通砖?有哪些技术性能指标? ····· 3
  2-3 烧结黏土砖为什么有青砖和红砖之分? ········· 6
  2-4 何谓烧结普通砖的泛霜和石灰爆裂?它们对建筑物
       有何影响? ······························· 7
  2-5 什么是烧结多孔砖?有哪些技术性能指标? ····· 7
  2-6 什么是烧结空心砖?有哪些技术性能指标? ···· 11
  2-7 什么是非烧结砖? ························ 14
  2-8 什么是蒸压灰砂砖?它有哪些技术性能指标? ·· 14
  2-9 什么是粉煤灰砖?其主要技术性能指标? ······ 18
  2-10 什么是煤渣砖?其有哪些技术性能指标? ····· 20
  2-11 什么是矿渣砖?其主要技术指标有哪些? ····· 22
  2-12 什么是煤矸石砖?其主要技术指标有哪些? ··· 22
  2-13 什么是碳化灰砂砖?其主要技术指标有哪些? · 22
  2-14 什么是砌筑工程常用砌块? ················ 23
  2-15 什么是普通混凝土小型空心砌块?它有哪些技术

	性能指标？…………………………………………	23
2-16	什么是轻骨料混凝土小型空心砌块？它有哪些技术标准？………………………………………………	26
2-17	什么是蒸压加气混凝土砌块？它有哪些技术指标？…………………………………………………	29
2-18	什么是粉煤灰砌块？它有哪些技术指标？………	31
2-19	什么是粉煤灰小型空心砌块？它有哪些技术性能指标？………………………………………………	33
2-20	什么是石膏砌块？它有哪些技术指标？…………	34
2-21	石砌体常用石材有哪些？…………………………	36
2-22	石砌体对石材有哪些加工要求？…………………	37
2-23	什么是砌筑砂浆？它在砌体中起到哪些作用？…	38
2-24	砌筑砂浆按其组成成分不同分为哪几种？各自适用范围有哪些？………………………………………	39
2-25	砌筑砂浆对原材料的使用有哪些要求？…………	39
2-26	砌筑砂浆的技术性能指标有哪些？………………	41
2-27	为什么砂浆的强度必须符合设计要求？…………	42
2-28	预防砂浆强度不够的方法有哪些？………………	43
2-29	什么是砂浆的和易性？……………………………	44
2-30	为保证砌筑砂浆的和易性应注意哪些方面？……	44
2-31	怎么留置砌筑砂浆试块？…………………………	45
2-32	砂浆搅拌和制备时各应注意些什么？……………	45
2-33	砖砌体砂浆的饱满度与砌体质量之间是怎样的关系？规范是如何规定的？………………………………	46
2-34	影响砖砌体砂浆的饱满度的因素有哪些？采取哪些措施确保砌体质量？………………………………	46
2-35	砌筑砂浆冬期施工有哪些施工方法？……………	48
2-36	砌体施工常用哪些手工工具？……………………	49
2-37	砌体施工常用备料工具有哪些？…………………	51
2-38	砌体施工常用测量放线工具有哪些？……………	53

2-39	砌体施工有哪些质量检测工具？	55
2-40	砌筑工程施工时常用哪些机械设备？	57
2-41	砂浆搅拌机操作使用时应遵守哪些规定？	58
2-42	什么是砌筑用脚手架？	59
2-43	对砌筑用脚手架有何要求？	59
2-44	脚手架的种类有哪些？	60
2-45	常用外脚手架有哪些？	60
2-46	扣件式钢管脚手架有何特点？适用范围如何？	60
2-47	碗扣式钢管脚手架的特点是什么？适用范围如何？	61
2-48	碗扣式钢管脚手架组装程序是什么？	62
2-49	门式钢管脚手架有何特点？其适用范围如何？	62
2-50	门式钢管脚手架的搭设程序是什么？	64
2-51	内（里）脚手架有哪几种形式？	64
2-52	内（里）脚手架有何特点？使用时有何要求？	65
2-53	脚手架施工的安全措施有哪些？	65

三、砖砌体砌筑工程 67

3-1	砌筑用砖有哪些种类？	67
3-2	普通砖砌体工程应做哪些技术准备工作？	67
3-3	普通砖砌体材料准备时应注意哪些方面？	68
3-4	机具和脚手架在施工前应做哪些准备？	68
3-5	基础回填土时应注意什么？	68
3-6	砖砌体工程施工时一般有哪些要求？	69
3-7	砖砌体工程一般包括哪些施工工艺？	69
3-8	如何砌筑基础大放脚？	70
3-9	如何砌筑室内墙上的暖沟挑砖？	71
3-10	基础防潮层的做法怎样？	71
3-11	防潮层失去作用的原因及防治措施有哪些？	71
3-12	基础的轴线和边线如何引至基槽内？	72
3-13	基础砖墙的标高如何控制？	72

3-14	普通砖墙砌筑形式有哪几种？	72
3-15	砖砌体的哪些部位禁止使用断砖？哪些部位应用丁砌法砌筑？	73
3-16	砖墙在转角和纵横墙交接处组砌形式有哪些？	73
3-17	为提高墙体整体刚度应如何设置拉结钢筋？	75
3-18	墙身留槎有哪些要求？	75
3-19	如何砌筑砖垛？	76
3-20	墙上如何预留脚手眼？	78
3-21	墙上如何留设临时洞口？	78
3-22	如何预留门窗及设备洞口？	78
3-23	砖砌过梁有哪几种？有什么规定？	79
3-24	变形缝的砌筑和处理有哪些要求？	79
3-25	山尖、封山砌筑时的施工要点是什么？	80
3-26	如何砌筑砖挑檐？	81
3-27	多孔砖砌体有几种组砌形式？	82
3-28	多孔砖砌体转角处及丁字交接处如何砌筑？	83
3-29	多孔砖砌体施工前应做哪些准备工作？	84
3-30	多孔砖砌体施工要点有哪些？	85
3-31	多孔砖砌体与构造柱连接处如何砌筑？	87
3-32	多孔砖砌体上如何留设临时洞口和脚手眼？	88
3-33	如何使用黏土空心砖？	88
3-34	砖砌体的施工质量有哪些要求？	89
3-35	多孔砖砌体的质量验收要求是什么？	90
3-36	砖砌体工程的质量验收主控项目有哪些？	90
3-37	砖砌体工程的质量验收一般项目有哪些？	91
四、混凝土小型空心砌块砌体		**93**
4-1	混凝土小型空心砌块有哪些种类？	93
4-2	混凝土小型空心砌块具有哪些特点？	94
4-3	混凝土小型空心砌块的应用范围包括哪些？	94
4-4	混凝土小型空心砌块砌筑前应做哪些准备？	95

4-5　混凝土小型空心砌块砌体有哪些构造要求？ ……………… 95
4-6　混凝土砌块夹心墙有哪些构造要求？ …………………… 96
4-7　什么是芯柱？它有哪些构造要求？ ……………………… 97
4-8　混凝土小型空心砌块砌体砌筑的操作工艺顺序是怎样的？ ……………………………………………………… 99
4-9　混凝土小型空心砌块砌体砌筑的操作工艺要点是什么？ ………………………………………………………… 99
4-10　砌筑混凝土小型空心砌块砌体时，绘制小砌块排列图应遵循哪些原则？ …………………………………… 99
4-11　混凝土小型空心砌块砌筑操作中有哪些施工要点？ ……………………………………………………… 102
4-12　如何砌筑混凝土小型空心砌块墙体？ ………………… 103
4-13　施工所用的混凝土小型空心砌块的产品龄期为什么要规定不小于28d？ …………………………………… 104
4-14　混凝土小型空心砌块进入施工现场应进行哪些质量验收？ …………………………………………………… 105
4-15　混凝土小型空心砌块砌筑前是否需要浇水湿润？ … 105
4-16　混凝土小型空心砌块在运输、堆放中应注意什么问题？ ……………………………………………………… 106
4-17　混凝土小型空心砌块砌体对砌筑砂浆有何要求？ … 106
4-18　混凝土小型空心砌块砌筑时，为何应对孔、错缝和反砌？ …………………………………………………… 107
4-19　为什么底层室内地面以下或防潮层以下的砌体，在小砌块的孔洞内要用混凝土灌实？ …………………… 108
4-20　混凝土小型空心砌块砌体施工中，临时间断处为什么只能留置斜槎？ ………………………………… 108
4-21　施工中如何在小砌块砌体上留置脚手眼？ …………… 108
4-22　在混凝土小型空心砌块砌体施工中，如何做到在已砌筑的墙上不打洞和凿槽？ …………………………… 109
4-23　混凝土小型空心砌块砌体砌筑时，墙上的临时施工

	洞口应如何留置和处理? ………………………………… 110
4-24	混凝土小型空心砌块承重墙砌筑中,为什么不能与黏土砖等其他块材混砌? ……………………………… 111
4-25	非承重墙不与承重墙或柱同时砌筑时,施工中应采取什么措施? ……………………………………… 111
4-26	承重墙(柱)为何严禁使用断裂混凝土小型空心砌块?施工中怎样控制? ………………………………… 111
4-27	当小砌块的模数不能满足施工图楼层高度要求时,如何来调整其高度? ……………………………… 112
4-28	如何保证混凝土小型空心砌块砌体中竖缝的砂浆饱满度? ……………………………………… 112
4-29	混凝土小型空心砌块砌体在雨期施工时应注意什么问题? ……………………………………………… 112
4-30	混凝土小型空心砌块砌体中的芯柱应如何施工? … 113
4-31	装配式楼盖混凝土小型空心砌块砌体如何保证芯柱在楼盖处贯通? …………………………………… 114
4-32	如何检查芯柱混凝土的质量? ……………………… 115
4-33	造成芯柱截面削弱的因素有哪几个方面? ………… 115
4-34	小砌块砌体水平灰缝的砂浆饱满度有何规定?如何保证?怎样检查? ……………………………… 116
4-35	影响混凝土小型空心砌块砌体质量的因素有哪些? …………………………………………………… 117
4-36	采取哪些措施可以防止混凝土小型空心砌块墙体裂缝问题? ……………………………………………… 118
4-37	采取哪些措施可有效防止混凝土小型空心砌块墙体渗漏问题? ……………………………………………… 119
4-38	混凝土小型空心砌块砌体工程质量验收主控项目的内容有哪些? ……………………………………… 119
4-39	混凝土小型空心砌块砌体工程质量验收一般项目的内容有哪些? ……………………………………… 121

五、石砌体砌筑工程 ··· 123
- 5-1 石砌体所用石材有哪些？各自用于哪些砌体中？ ··· 123
- 5-2 石砌体有哪些特点？ ································· 123
- 5-3 石砌体砌筑时应做哪些准备工作？ ················ 123
- 5-4 材料准备时应注意哪些方面？ ······················ 124
- 5-5 石砌体施工时应准备哪些机具和施工设备？ ····· 124
- 5-6 石砌体砌筑时，施工现场应做哪些准备工作？ ··· 124
- 5-7 石砌体施工时的工艺流程有哪些？ ················ 125
- 5-8 如何砌筑石砌体？应注意些什么？ ················ 125
- 5-9 石基础有哪些种类？各自构造要求是什么？ ····· 126
- 5-10 石基础施工时应注意哪些事项？ ·················· 127
- 5-11 砌筑毛石墙应注意什么？ ··························· 128
- 5-12 料石墙体砌筑时应注意什么？ ····················· 131
- 5-13 如何检查确定石砌体中砂浆的饱满度？ ·········· 132
- 5-14 石砌体的勾缝形式有哪几种？ ····················· 132
- 5-15 石砌体的主控项目有哪些？ ························ 133
- 5-16 石砌体工程质量验收有哪些规定？ ················ 134

六、填充墙砌体工程 ··· 136
- 6-1 填充墙是如何界定的？ ······························ 136
- 6-2 填充墙砌体目前有哪些常用材料？ ················ 136
- 6-3 填充墙砌体所用块材进施工现场后应如何管理？ ··· 136
- 6-4 填充墙砌体所用块材砌筑前浇水有什么要求？ ··· 137
- 6-5 填充墙砌体的施工工艺流程是什么？ ·············· 137
- 6-6 填充墙砌体与主体砌体的施工工艺有何区别？ ··· 138
- 6-7 填充墙砌体为什么应按设计排列图施工？ ········ 138
- 6-8 填充墙砌体施工时是否需要设置皮数杆？为什么？ ·· 138
- 6-9 填充墙砌体的轴线尺寸控制的标准是什么？ ····· 139
- 6-10 填充墙砌体的砌筑砂浆种类和强度等级由谁确定？ ·· 140

6-11	填充墙砌体施工时每日的砌筑高度有什么要求？	140
6-12	填充墙砌体在构造上有什么要求？	140
6-13	砌筑填充墙砌体的门、窗洞口处有什么要求？	141
6-14	填充墙砌体施工对脚手架的搭设有什么要求？	141
6-15	填充墙砌体施工时对留置脚手眼有什么要求？	142
6-16	填充墙砌体拉结筋与主体连接有几种方法？	142
6-17	填充墙砌体施工主要存在哪些质量问题？	143
6-18	什么是蒸压加气混凝土砌块？主要有哪些特点和用途？	144
6-19	在建筑物的哪些部位不得使用蒸压加气混凝土墙体？	145
6-20	蒸压加气混凝土砌块施工要点有哪些？	145
6-21	加气块砌体门窗洞口处如何处理？	147
6-22	加气块墙垛与梁板如何连接？	148
6-23	如何砌筑陶粒砌块？	148
6-24	陶粒砌块砌体与梁板结合处如何处理？	149
6-25	填充墙采用蒸压加气混凝土砌块、轻骨料混凝土小型空心砌块砌筑时，质量标准和检验方法有何规定？	150

七、配筋砌体工程 152

7-1	何为配筋砌体？它有哪些种类？	152
7-2	什么是网状配筋砌体？一般用做哪些部位？	152
7-3	配筋砌体中钢筋网的设置、钢筋规格和钢筋网的竖向间距各有什么要求？	153
7-4	什么是组合砖砌体构件？	153
7-5	什么是配筋砌块剪力墙？	154
7-6	网状配筋砌体的工艺流程是怎样的？	155
7-7	配筋砌体工程施工应准备哪些材料、机具？并做哪些现场准备？	155
7-8	施工中对砖与砂浆的使用有何要求？	156

7-9 钢筋防腐保护合格的要求是什么？……………… 156
7-10 什么是钢筋的锚固长度？………………………… 157
7-11 组合砌体施工一般要求有哪些？………………… 158
7-12 组合砖砌体有哪些构造要求？…………………… 158
7-13 钢筋砖过梁砌筑有哪些要求？…………………… 159
7-14 如何砌筑钢筋砖过梁？…………………………… 160
7-15 钢筋砖圈梁的砌筑应注意哪些方面？…………… 160
7-16 组合砌体柱施工中，箍筋水平位置偏移有什么
　　　危害？……………………………………………… 161
7-17 如何保证组合砌体柱中箍筋位置正确？………… 162
7-18 钢筋混凝土构造柱和砖组合砌体有哪些构造
　　　要求？……………………………………………… 163
7-19 构造柱的施工顺序是怎样？……………………… 164
7-20 构造柱浇灌混凝土前应注意什么？……………… 164
7-21 什么是去石水泥砂浆？…………………………… 164
7-22 浇筑每一段构造柱混凝土之前，为什么应在结合
　　　处注入与构造柱混凝土相同的去石水泥砂浆？… 165
7-23 构造柱相邻砌体砌筑时应注意哪些问题？……… 166
7-24 配筋砌块剪力墙有哪些构造要求？……………… 167
7-25 配筋砌块剪力墙构造配筋应符合哪些规定？…… 168
7-26 为什么配筋砌体剪力墙要采用专用小砌块砌筑
　　　砂浆砌筑和灌孔？………………………………… 168
7-27 配筋砌块柱有哪些构造要求？…………………… 169
7-28 配筋砌块柱中箍筋设置应根据哪些情况确定？… 169
7-29 配筋砌块砌体中对钢筋最小保护层厚度有何
　　　要求？……………………………………………… 170
7-30 配筋砌块砌体中对钢筋弯钩和钢筋间距有何
　　　要求？……………………………………………… 170
7-31 什么是钢筋混凝土填心墙？……………………… 170
7-32 低位浇筑混凝土和高位浇筑混凝土施工方法分别是

  怎样的？…………………………………………… 171
 7-33 配筋砌体工程的质量验收主控项目有哪些？……… 172
 7-34 配筋砌体工程的质量验收一般项目有哪些？……… 173
 7-35 为什么要把钢筋列为主控项目进行控制？………… 174
 7-36 墙体刚砌完构造柱部位，能否立即浇灌
  混凝土？………………………………………… 175

八、砌筑工程季节性施工……………………………………… 177

 8-1 冬期施工如何划分？………………………………… 177
 8-2 《建筑工程冬期施工规程》中，对砌筑工程重点
  提出哪方面的要求？……………………………… 178
 8-3 砌体工程冬期施工应做哪些技术准备？…………… 179
 8-4 砌体工程冬期施工应做哪些施工前准备工作？…… 179
 8-5 砌体工程冬期施工对材料的要求是什么？………… 180
 8-6 砌体工程冬期施工有哪些质量要求？……………… 181
 8-7 砌体工程冬期施工有哪些施工方法？……………… 182
 8-8 外加剂法冬期施工有哪些特点和注意事项？……… 183
 8-9 冻结法冬期施工有哪些特点及注意事项？………… 184
 8-10 暖棚法冬期施工有哪些特点和注意事项？………… 186
 8-11 砌体工程冬期施工应做哪些防火、安全准备
  工作？…………………………………………… 187
 8-12 雨期施工如何界定？降雨强度是如何划分的？…… 187
 8-13 雨期施工对砌体质量有哪些影响？………………… 188
 8-14 雨期施工应做哪些准备工作？……………………… 188
 8-15 雨期施工应采取哪些防范措施？…………………… 189
 8-16 有台风地区施工应注意哪些方面？………………… 190
 8-17 什么是"三宝、四口、五临边"？安全防护设施
  有哪些？………………………………………… 190

参考文献………………………………………………………… 192

一、砌体工程的定义、特点和分类

1-1 什么是砌体工程?

砌体工程是利用砂浆将砖、石、砌块砌筑成设计要求的建筑物或构筑物的施工过程。

有史以来,砌体作为一种最古老的建筑结构已经以各种各样的形式被利用。例如,古埃及的狮身人面像、古罗马剧场、帕特农神殿、罗马的沟渠、中国的万里长城以及遍布世界的许多大教堂、神庙、清真寺、城堡、水坝等,它们都是砌体结构耐久和美观的例证。砌体结构一直都广泛用于各种各样的建筑和构筑物,从多层高层建筑到不同档次的公寓大楼。

1-2 砌体结构有哪些特点?

砌体结构具有就地取材、施工简便、造价低、耐久性、耐火性好,同时具有良好的保温隔热性等优点;但砌筑劳动强度较大,运输量大,抗震性能较低,不利于工业化施工。此外,黏土砖还存在与农业争地等问题。

1-3 砌体工程如何分类?

根据我国现行的国家标准《建筑工程施工质量验收统一标准》(GB 50300—2001),砌体工程属于分部工程,其中包括五个分项工程,分别是砖砌体,混凝土小型空心砌块砌体、石砌体,填充墙砌体和配筋砌体。

1-4 烧结多孔砖、烧结空心砖、砌块与烧结普通砖相比,在使用上有何技术经济意义?

多孔砖、空心砖与实心砖相比,可使建筑物自重减轻 1/3 左右,节约黏土 20%~30%,节约燃料 10%~20%,且烧成率高,造价降低 20%,施工效率提高 40%,同时,能改善砖的隔热和隔声性能,在相同的热工性能要求下,用空心砖砌筑的墙体厚度可减小半砖左右。

烧结多孔砖用在承重墙上,烧结空心砖用于非承重墙上,而烧结黏土砖已经禁止生产了,因此,推广使用多孔砖和空心砖,具有十分重大的经济技术意义。

1-5 砌体结构发展趋势是什么?

砖石砌体建筑在我国有着悠久的历史,"秦砖汉瓦"表明我国砖石材料使用的年代;"万里长城"代表砖石建筑的杰作,仍焕发着强大的吸引力,砖石砌体结构发展到现在,仍具有相当强的生命力。

砌体结构之所以仍被广泛应用是因为它具有取材方便、保温隔热、隔声、耐火等性能,另外砌体结构还具有施工简便,成本低廉,节约钢材、木材和水泥等优点,所以砌体结构在土木工程中仍占有较大的比重。然而,随着建筑科技的迅猛发展,这种以手工操作为主的施工技术,也存在劳动强度大、生产效率低等缺点;还有所用普通烧结砖的生产占用了大量的农田,造成土地资源流失,制作过程污染环境等问题。

因此,砌体结构发展趋势正向着轻质、高强、节能、利废、环保的方向发展,同时,不断改进施工工艺、加强砌体材料的研究革新,不断提高砌体结构的设计水平,加大砌体结构整体性研究和抗震性能研究等,这些对砌体结构的合理设计和广泛应用具有重要的意义。

二、砌筑材料、施工机具及脚手架

2-1 砌筑常用块材有哪几种?

砌筑时常用块材主要包括砖、砌块和石材三种,见表 2-1 所列。

砌筑常用块材　　　　表 2-1

砖	烧结砖	烧结普通砖	黏土砖、页岩砖、煤矸石砖、粉煤灰砖
		烧结多孔砖	P 型多孔砖、M 型多孔砖
		烧结空心砖	
	非烧结砖	蒸压灰砂砖、粉煤灰砖;蒸养煤渣砖、矿渣砖;碳化灰砂砖	
砌块	小型空心砌块	普通混凝土小型空心砌块	
		轻骨料混凝土小型空心砌块	
		粉煤灰小型空心砌块	
	其他砌块	蒸压加气混凝土砌块、粉煤灰砌块;石膏砌块	
石材	毛石	乱毛石、平毛石	
	料石	方块石、粗料石、细料石、条石、板石	

2-2 什么是烧结普通砖? 有哪些技术性能指标?

烧结普通砖是指以黏土、页岩、煤矸石或粉煤灰为主要材料,经焙烧而成的实心或孔洞率不大于规定值且外形尺寸符合规定的砖。用于承重墙和非承重墙的实心砖。

主要技术性能指标如下:

1. 规格尺寸

烧结普通砖外形为直角六面体,其公称尺寸为:长×宽×高=240mm×115mm×53mm;我国南方地区,大量生产一种叫"八五"砖,其配砖尺寸一般为:长×宽×高=175mm×115mm×53mm。

2. 强度等级

根据抗压强度分为 MU30、MU25、MU20、MU15、MU10 五个强度等级。强度等级应符合表 2-2 的规定。

烧结普通砖的强度等级（MPa）   表 2-2

强度等级	抗压强度平均值 $\bar{f} \geq$	变异系数 $\delta \leq 0.21$ 强度标准值 $f_k \geq$	变异系数 $\delta > 0.21$ 单块最小抗压强度值 $f_{min} \geq$
MU30	30.0	22.0	25.0
MU25	25.0	18.0	22.0
MU20	20.0	14.0	16.0
MU15	15.0	10.0	12.0
MU10	10.0	6.5	7.5

3. 质量等级

烧结普通砖强度和抗风化性能合格的,根据尺寸偏差、外观质量、泛霜和石灰爆裂情况分为优等品（A）、一等品（B）、合格品（C）三个质量等级,具体标准见表 2-3 所列。

烧结普通砖的质量等级分类标准   表 2-3

项 目			指 标		
			优等品	一等品	合格品
尺寸允许偏差(mm)	长度	样本平均偏差	±2.0	±2.5	±3.0
		样本极差 ≤	6	7	8
	宽度	样本平均偏差	±1.5	±2.0	±2.5
		样本极差 ≤	5	6	7
	高度	样本平均偏差	±1.5	±1.6	±2.0
		样本极差 ≤	4	5	6

续表

项目			指标		
			优等品	一等品	合格品
外观质量	两条面高度差(mm)	不大于	2	3	4
	弯曲(mm)	不大于	2	3	4
	杂质凸出高度(mm)	不大于	2	3	4
	缺棱掉角的三个破坏尺寸(mm) 不得同时大于		5	20	30
	裂纹长度不大于(mm)	大面上宽度方向及其延伸至条面的长度	30	60	80
		大面上长度方向及其延伸至顶面的长度或条、顶面上水平裂纹的长度	50	80	100
	完整面	不得少于	二条面和二顶面	一条面和一顶面	—
	颜色		基本一致	—	—
泛霜			每块砖样应无泛霜	每块砖样不允许出现中等泛霜	每块砖样不允许出现严重泛霜
石灰爆裂			不允许出现最大破坏尺寸＞2mm的爆裂区域	(1)最大破坏尺寸＞2mm且≤10mm的爆裂区域,每组砖样不得多于15处;(2)不允许出现最大破坏尺寸＞10mm的爆裂区域	(1)最大破坏尺寸＞2mm且≤15mm的爆裂区域,每组砖样不得多于15处,其中大于10mm的不得多于7处;(2)不允许出现最大破坏尺寸＞15mm的爆裂区域
欠火砖、酥砖和螺旋纹砖			不允许有		

注：1. 为装饰面施加的色差、凹凸纹、拉毛、压花等不算作缺陷。
  2. 凡有下列缺陷之一者，不得称为完整面：
  (1) 缺损在条面或顶面上造成的破坏面尺寸同时大于 10mm×10mm；
  (2) 条面或顶面上裂纹宽度大于 1mm，其长度超过 30mm；
  (3) 压陷、粘底、焦花在条面或顶面上的凹陷或突出超过 2mm，区域尺寸同时大于 10mm×10mm。

4. 试验和检验

烧结普通砖试验和检验，见表 2-4 所列。

烧结普通砖的试验和检验　　　表 2-4

材料名称及相关标准、规范代号	组批原则及取样规定	试验项目	抽取数量
《烧结普通砖》GB 5101—2003	3.5 万～15 万块为一批，不足 3.5 万块按一批计	外观质量	50（$n_1=n_2=50$）
		尺寸偏差	20
		强度等级	10
		泛霜	5
		石灰爆裂	5
		吸水率和饱和系数	5
		冻融	5
		放射性	4

2-3　烧结黏土砖为什么有青砖和红砖之分?

黏土砖烧成过程中，在黏土制品中的三氧化二铁和其他化学成分含量不变的情况下，当窑内形成强烈的还原气氛时，黏土中的红色高价铁还原为青灰色的低价铁，再在窑顶加水，以防止外界空气侵入窑内，使低价铁又被氧化成高价铁，并加速制品的冷却，使之获得稳定的青灰色，即成青砖。同样，在黏土制品中的三氧化二铁和其他化学成分含量不变的情况下，当窑内处于氧化气氛时，使红色高价铁不至还原成为低价铁，故使制品呈红色，即为红砖。

目前黏土砖已经禁止使用，因为在制作黏土砖的过程，耗用大量农田，且生产过程中会产生氟、硫等有害气体，能耗高，因此，逐渐淘汰。

2-4 何谓烧结普通砖的泛霜和石灰爆裂？它们对建筑物有何影响？

泛霜是指黏土原料中的可溶性盐类（如硫酸钠等），随着砖内水分蒸发而在砖表面产生的盐析现象，一般为白色粉末，常在砖表面形成絮团状斑点。泛霜的砖用于建筑中的潮湿部位时，由于大量盐类的溶出和结晶膨胀会造成砖砌体表面粉化及剥落，内部孔隙率增大，抗冻性显著下降，砖的强度也会降低。

当原料土中夹杂有石灰质时，则烧砖时将被烧成过烧的石灰留在砖中。石灰有时也由掺入的内燃料（煤渣）带入。这些石灰在砖体内吸水消化时产生体积膨胀，导致砖发生胀裂破坏，这种现象称为石灰爆裂。石灰爆裂对砖砌体影响较大，轻者影响外观，重者将使砖砌体强度降低直至破坏。砖中石灰质颗粒越大，含量越多，则对砖砌体强度影响越大。

2-5 什么是烧结多孔砖？有哪些技术性能指标？

烧结多孔砖是指以黏土、页岩、煤矸石、粉煤灰为主要材料，经焙烧而成的砖，其孔洞率不小于 25%，孔的尺寸小而数量多，孔形分为圆孔和非圆孔，使用时孔洞垂直于承压面，主要用于建筑承重部位。目前多孔砖分为 P 型砖和 M 型砖。

多孔砖主要有以下几项技术性能指标：

1. 规格尺寸

烧结多孔砖的多形为直角六面体，其长、宽、高尺寸（mm）应符合下列要求：

(1) 长（290、240）；宽（190、180、175、140、115）；高（90）。

(2) 常用 P 型砖尺寸：$240 \times 115 \times 90$。

(3) 常用 M 型砖尺寸：$190 \times 190 \times 90$，如图 2-1 所示。

(4) 常用配砖 190×90×90。

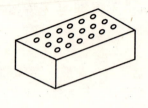
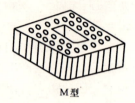

P型　　　　　　　　　　M型

图 2-1　烧结多孔砖

(5) 孔洞尺寸应符合表 2-5 的要求。

烧结多孔砖的孔洞尺寸　　　　　　表 2-5

圆孔直径	非圆孔内切圆直径	手抓孔
≤22	≤15	(30～40)×(75～85)

2. 强度等级

烧结多孔砖的强度等级规定见表 2-6 所列。

烧结多孔砖的强度等级（MPa）　　　　表 2-6

强度等级	抗压强度平均值 f≥	δ≤0.21 强度标准值 f_k≥	δ>0.21 单块最小抗压强度值 f_{min}≥
MU30	30.0	22.0	25.0
MU25	25.0	18.0	22.0
MU20	20.0	14.0	16.0
MU15	15.0	10.0	12.0
MU10	10.0	6.5	7.5

3. 质量等级

烧结多孔砖强度和抗风化性能合格的，根据尺寸偏差、外观质量、孔型及孔洞排列、泛霜、石灰爆裂等情况分为优等品、一等品和合格品三个质量等级，具体标准见表 2-7 所列。

烧结多孔砖的质量等级分类标准　　　　表2-7

项目		指标					
		优等品		一等品		合格品	
		样本平均偏差	样本极偏差≤	样本平均偏差	样本极偏差≤	样本平均偏差	样本极偏差≤
尺寸允许偏差(mm)	290、240	±2.0	6	±2.5	7	±3.0	8
	190、180、175、140、115	±1.5	5	±2.0	6	±2.5	7
	90	±1.5	4	±1.7	5	±2.0	6
外观质量	(1)颜色（一条面和一顶面）	一致		基本一致		—	
	(2)完整面　不得少于	一条面和一顶面		一条面和一顶面		—	
	(3)缺棱掉角的三个破坏尺寸(mm)　不得同时大于	15		20		30	
	(4)裂纹长度(mm)不大于 ① 大面上深入孔壁15mm以上宽度方向及其延伸到条面的长度	60		80		100	
	② 大面上深入孔壁15mm以上长度方向及其延伸到顶面的长度	60		100		120	
	③ 条、顶面上的水平裂纹	80		100		120	
	(5)杂质在砖面上造成凸出高度(mm)　　　不大于	3		4		5	
	(6)欠火砖和酥砖	不允许		不允许		不允许	

注：1. 为装饰面施加的色差、凹凸纹、拉毛、压花等不算作缺陷。
　　2. 凡有下列缺陷之一者，不得称为完整面：
　　(1)缺损在条面或顶面上造成的破坏面尺寸同时大于20mm×30mm；
　　(2)条面或顶面上裂纹宽度大于1mm，其长度超过70mm；
　　(3)压陷、粘底、焦花在条面或顶面上的凹陷或突出超过2mm，区域尺寸同时大于20mm×30mm

续表

项　目		指　标		
		优等品	一等品	合格品
		样本平均偏差 / 样本极差≤	样本平均偏差 / 样本极差≤	样本平均偏差 / 样本极差≤
孔洞	孔洞率(%)	25	25	25
	孔洞排列	交错排列，有序		—
	注：1. 所有孔宽 b 应相等，孔长 L≤59mm； 2. 空洞上下、左右应对称，分布均匀，手抓孔的长度方向尺寸必须平行于砖的条面； 3. 矩形孔的孔宽 b、孔长 L，满足 L≥3b 时，为矩形条孔			
泛霜		每块砖样应无泛霜	每块砖样不允许出现中等泛霜	每块砖样不允许出现严重泛霜
石灰爆裂		不允许出现最大破坏尺寸>2mm 的爆裂区域	(1) 最大破坏尺寸>2mm 且≤10mm 的爆裂区域，每组砖样不得多于 15 处； (2) 不允许出现最大破坏尺寸>10mm 的爆裂区域	(1) 最大破坏尺寸>2mm 且≤15mm 的爆裂区域，每组砖样不得多于 15 处，其中大于 10mm 的不得多于 7 处； (2) 不允许出现最大破坏尺寸>15mm 的爆裂区域

4. 试验和检验

烧结多孔砖试验和检验，见表 2-8 所列。

烧结多孔砖的试验和检验　　　　表 2-8

材料名称及相关标准、规范代号	组批原则	试验项目	抽取数量
《烧结多孔砖》 GB 13544—2000	每 3.5 万～15 万块为一验收批，不足 3.5 万块也按一批计	外观质量	50(n_1=n_2=50)
		尺寸偏差	20
		强度等级	10
		孔型空洞率及空洞排列	5
		泛霜	5
		石灰爆裂	5
		吸水率和饱和系数	5
		冻融	5

2-6 什么是烧结空心砖？有哪些技术性能指标？

烧结空心砖是指以黏土、页岩、煤矸石、粉煤灰等为主要材料经焙烧而成，主要用于建筑物非承重部位的空心砖。烧结空心砖如图 2-2 所示。

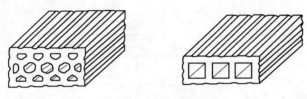

图 2-2 烧结空心砖

1. 规格尺寸

烧结空心砖的外形为直角六面体，在与砂浆的结合面设有增加结合力的深度 1mm 以上的凹线槽。烧结空心砖的长度、宽度、高度应符合下列要求：

390mm、290mm、240mm、190mm；180（175）mm、140mm、115mm、90mm。

2. 强度等级

根据抗压强度分为 MU10、MU7.5、MU5、MU3.5、MU2.5 五个强度等级，见表 2-9 所列。

烧结空心砖的强度等级（MPa）　　表 2-9

强度等级	抗压强度(MPa)			密度等级范围（kg/m³）
	抗压强度平均值 $\bar{f} \geqslant$	变异系数 $\delta \leqslant 0.21$ 强度标准值 $f_k \geqslant$	变异系数 $\delta > 0.21$ 单块最小抗压强度值 $f_{min} \geqslant$	
MU10	10	7.0	8.0	≤1100
MU7.5	7.5	5	5.8	
MU5	5	3.5	4.0	
MU3.5	3.5	2.5	2.5	
MU2.5	2.5	1.6	1.8	≤800

3. 质量等级

同多孔砖相同，烧结空心砖根据尺寸偏差、外观质量、泛霜、石灰爆裂等情况，分为优等品、一等品和合格品三个质量等级，具体标准见表 2-10 所列。

烧结空心砖质量等级分类标准　　　　表 2-10

项 目			指　　标		
			优等品	一等品	合格品
尺寸允许偏差（mm）	>300	样本平均偏差	±2.5	±3.0	±3.5
		样本极差≤	6.0	7.0	8.0
	>200～300	样本平均偏差	±2.0	±2.5	±3.0
		样本极差≤	5.0	6.0	7.0
	100～200	样本平均偏差	±1.5	±2.0	±2.5
		样本极差≤	4.0	5.0	6.0
	<100	样本平均偏差	±1.5	±1.7	±2.0
		样本极差≤	3.0	4.0	5.0
外观质量	（1）完整面	不少于	一条面和一大面	一条面或一大面	—
	（2）弯曲(mm)	不大于	3	4	5
	（3）缺棱掉角的三个破坏尺寸（mm）不得同时大于		15	30	40
	（4）未贯穿裂纹长度(mm) 不大于				
	①大面上宽度方向及其延伸到条面的长度		不允许	100	120
	②大面上长度方向或条面上水平方向的长度		不允许	120	140
	（5）贯穿裂纹长度(mm) 不大于				
	①大面上宽度方向及其延伸到条面的长度		不允许	40	60
	②壁、肋沿长度方向、宽度及其水平方向的长度		不允许	40	60

续表

项目		指标		
		优等品	一等品	合格品
外观质量	(6)肋、壁内残缺长度(mm) 不大于	不允许	40	60
	(7)垂直度差	3	4	5
泛霜		每块砖样应无泛霜	每块砖样不允许出现中等泛霜	每块砖样不允许出现严重泛霜
石灰爆裂		不允许出现最大破坏尺寸>2mm的爆裂区域	(1)最大破坏尺寸>2mm且≤10mm的爆裂区域,每组砖样不得多于15处;(2)不允许出现最大破坏尺寸>10mm的爆裂区域	(1)最大破坏尺寸>2mm且≤15mm的爆裂区域,每组砖样不得多于15处,其中大于10mm的不得多于7处;(2)不允许出现最大破坏尺寸>15mm的爆裂区域

注：凡有下列缺陷之一者，不得称为完整面：
1. 缺损在条面或顶面上造成的破坏面尺寸同时大于20mm×30mm；
2. 条面或顶面上裂纹宽度大于1mm，其长度超过70mm；
3. 压陷、粘底、焦花在条面或顶面上的凹陷或突出超过2mm，区域尺寸同时大于20mm×30mm。

4. 密度等级

烧结空心砖密度等级，见表2-11所列。

烧结空心砖密度等级（kg/m^3）　　　　　　表2-11

密度等级	5块密度平均值	密度等级	5块密度平均值
800	≤800	1000	901～1000
900	801～900	1100	1001～1100

5. 试验和检验

烧结空心砖试验和检验，见表 2-12 所列。

烧结空心砖的试验和检验　　　　表 2-12

材料名称及相关标准、规范代号	组批原则	试验项目	抽取数量
《烧结空心砖和空心砌块》GB 3545—2003	每 3.5 万～15 万块为一验收批，不足 3 万块也按一批计	外观质量	50($n_1=n_2=50$)
		尺寸偏差	20
		强度	10
		密度	5
		孔洞排列及其结构	5

2-7　什么是非烧结砖？

不经过焙烧的砖都属于非烧结砖。与烧结砖相比具有耗能低的优点。

为了改变生产烧结黏土砖所造成的土地资源和燃料的浪费，可利用粉煤灰、煤矸石、页岩为原料，不经烧结直接经养护得到砌墙用砖，不仅节省了大量土地资源、燃料，还充分利用了多种工业废渣，达到废物利用的环保节能效果。

非烧结砖主要有：蒸压灰砂砖、粉煤灰砖、炉渣砖、矿渣砖、煤矸石砖、碳化灰砂砖六种。

2-8　什么是蒸压灰砂砖？它有哪些技术性能指标？

蒸压灰砂砖是以石灰和砂为主要原料，属于硅酸盐砖的一种。经坯料制备、压制成型、蒸压养护而成的砖。可分为蒸压灰砂实心砖和蒸压灰砂空心砖。

蒸压灰砂多孔砖是指孔洞率大于 15% 的蒸压灰砂砖。

蒸压灰砂砖组织均匀密实，无干缩或烧缩现象，外形光洁整齐，可制成各种颜色。但表观密度大、吸湿性强，碳化稳定性、抗冻性和耐侵蚀性等有待改进。无论实心砖还是多孔砖，蒸压灰砂砖均不得用于长期受热200℃以上，受急冷急热或有碱性介质侵蚀的建筑部位。

1. 规格尺寸

（1）蒸压实心砖的外形是直角六面体，公称尺寸为长×宽×高＝240mm×115mm×53mm。

（2）蒸压多孔砖的外形也是六面体，其公称尺寸见表2-13所列。

蒸压灰砂多孔砖规格及公称尺寸（mm）　　　表 2-13

公称尺寸		
长	宽	高
240	115	90
240	115	115

2. 强度等级

（1）实心砖强度等级分为 MU25、MU20、MU15、MU10 四个等级，见表 2-14 所列。

蒸压灰砂砖的强度等级（MPa）　　　表 2-14

强度等级	抗压强度		抗折强度	
	平均值不小于	单块最小值不小于	平均值不小于	单块最小值不小于
MU25	25.0	20.0	5.0	4.0
MU20	20.0	16.0	4.0	3.2
MU15	15.0	12.0	3.3	2.6
MU10	10.0	8.0	2.5	2.0

（2）多孔砖强度等级分为：MU30、MU25、MU20、MU15 四个等级，见表 2-15 所列。

蒸压灰砂多孔砖的强度等级（MPa）　　　表 2-15

强度等级	抗压强度		强度等级	抗压强度	
	平均值≥	单块最小值≥		平均值≥	单块最小值≥
MU30	30.0	24.0	MU20	20.0	16.0
MU25	25.0	20.0	MU15	15.0	12.0

3. 质量等级
(1) 蒸压灰砂实心砖的质量等级应符合表 2-16 的规定。

蒸压灰砂砖的质量等级分类标准　　　　表 2-16

项目			指标		
			优等品	一等品	合格品
尺寸允许偏差(mm)	长度(L)		±2	±2	±3
	宽度(B)		±1	±2	±3
	高度(H)		±1	±2	±3
对应高度差(mm)		不大于	1	2	3
缺棱掉角	个数(个)	不多于	1	1	2
	最大尺寸(mm)	不得大于	10	15	20
	最小尺寸(mm)	不得大于	5	10	10
裂纹	条数(个)	不多于	1	1	2
	大面上宽度方向及其延伸到条面的长度(mm)	不得大于	20	50	70
	大面上长度方向及其延伸到顶面上的长度或条、顶面水平裂纹的长度(mm)	不得大于	30	70	100

(2) 蒸压灰砂多孔砖的质量等级应符合表 2-17 的规定。

蒸压灰砂多孔砖的质量等级分类标准　　表 2-17

项目			指标	
			优等品	合格品
缺棱掉角	最大尺寸(mm)	≤	10	15
	大于以上尺寸的缺棱掉角个数(个)	≤	0	1
裂纹长度	大面宽度方向及其延伸到条面的长度(mm) ≤		20	50
	大面长度方向及其延伸到顶面或条面长度方向及其延伸到顶面的水平裂纹长度(mm)≤		30	70
	大于以上尺寸的裂纹条数(条)	≤	0	1

4. 抗冻性指标

(1) 蒸压灰砂实心砖抗冻性指标符合表 2-18 的规定。

蒸压灰砂砖抗冻性指标 表 2-18

强度级别	冻后抗压强度(MPa)平均值 ≥	单块砖的干质量损失(%) ≤
MU25	20.0	2.0
MU20	16.0	
MU15	12.0	
MU10	8.0	

注:优等品的强度级别不得小于 MU15。

(2) 蒸压灰砂多孔砖抗冻性指标符合表 2-19 的规定。

蒸压灰砂多孔砖抗冻性指标 表 2-19

强度等级	冻后抗压强度(MPa)平均值≥	单块砖的干质量损失(%)≤
MU30	24.0	2.0
MU25	20.0	
MU20	16.0	
MU15	12.0	

5. 试验和检验

(1) 实心蒸压灰砂砖试验和检验见表 2-20 所列。

蒸压灰砂砖的试验和检验 表 2-20

材料名称及相关标准、规范代号	组批原则	试验项目	抽取数量
《蒸压灰砂砖》(GB 11945—1999)	10万块为一验收批,不足10万块也按一批计	外观质量和尺寸偏差	50($n_1=n_2=50$)
		颜色	36
		抗折强度	5
		抗弯强度	5
		抗冻性	5

(2) 蒸压灰砂多孔砖试验和检验见表 2-21 所列。

蒸压灰砂多孔砖的试验和检验　　　表 2-21

材料名称及相关标准、规范代号	组批原则	试验项目	抽取数量(块)
《蒸压灰砂多孔砖》(JC/T 637—2009)	每 10 万块砖为一验收批,不足 10 万块也按一批计	外观质量	$50(n_1=n_2=50)$
		尺寸偏差	20
		强度等级	从外观合格的砖样中,用随机抽取法抽取 1 组 10 块(NF 砖为 1 组 20 块)进行抗压强度试验
		抗冻性	从外观合格的砖样中,用随机抽取法抽取 1 组 10 块(NF 砖为 1 组 20 块)进行抗冻性试验

2-9　什么是粉煤灰砖？其主要技术性能指标？

粉煤灰砖属于硅酸盐砖的一种,是以粉煤灰、石灰为主要原料,掺加适量石膏和集料,经坯料制备、压制成型、高压蒸汽养护而成的实心砖。该种砖一般可用于建筑的墙体和基础部位,用于基础或用于易受冻融和干湿交替作用的建筑部位必须使用一等砖和优等砖。但不得用于长期受热 200℃ 以上,受急冷急热和有酸性介质侵蚀的建筑部位。

1. 规格尺寸

粉煤灰砖外形为直角六面体,公称尺寸为:长 240mm,宽 115mm,高 53mm。

2. 强度等级

粉煤灰砖的强度等级,见表 2-22 所列。

3. 质量等级分类标准

粉煤灰砖质量等级分类标准,见表 2-23 所列。

粉煤灰砖的强度等级（MPa） 表2-22

强度等级	抗压强度		抗折强度	
	10块平均值≥	单块值≥	10块平均值≥	单块值≥
MU30	30.0	24.0	6.2	5.0
MU25	25.0	29.0	5.0	4.0
MU20	20.0	16.0	4.0	3.2
MU15	15.0	12.0	3.3	2.6
MU10	10.0	8.0	2.5	2.0

粉煤灰砖质量等级分类标准 表2-23

项目		指标		
		优等品	一等品	合格品
尺寸允许偏差（mm）	长度	±2	±3	±4
	宽度	±2	±3	±4
	高度	±1	±2	±3
对应高度差(mm)	不大于	1	2	3
每一缺棱掉角的最大破坏尺寸(mm)	不大于	10	15	20
完整面	不少于	二条面和一顶面或二顶面和一条面	一条面和一顶面	一条面和一顶面
裂纹长度(mm)不大于	大面上宽度方向的裂纹（包括延伸到条面上的长度）	30	50	70
	其他裂纹	50	70	100
层裂		不允许		

注：在条面或顶面上破坏面的两个尺寸同时大于10mm和20mm者为非完整面。

4. 抗冻性

粉煤灰砖的抗冻性，见表2-24所列。

5. 试验和检验

粉煤灰砖的试验和检验，见表2-25所列。

粉煤灰砖的抗冻性　　　　　　　表 2-24

强度等级	抗压强度(MPa) 平均值≥	砖的干质量损失(%) 单块值≤
MU30	24.0	2.0
MU25	20.0	
MU20	16.0	
MU15	12.0	
MU10	8.0	

粉煤灰砖的试验和检验　　　　　表 2-25

材料名称及相关 标准、规范代号	组批原则	试验项目	抽取数量
《粉煤灰砖》 (JC 239—2001)	每 10 万块为 一验收批,不足 10 万块也按一 批计	外观质量和尺寸偏差	100($n_1=n_2=50$)
		色差	36
		强度等级	10
		抗冻性	10
		干燥收缩	3
		碳化性能	15

2-10　什么是煤渣砖？其有哪些技术性能指标？

煤渣砖是指以煤渣为主要原料,掺入适量石灰、石膏,经混合、压制成型、蒸养或蒸压而成的实心煤渣砖。煤渣砖可用于工业与民用建筑的墙体和基础,但用于基础或用于易受冻融和干湿交替作用的建筑部位必须使用 MU15 级与 MU15 级以上的砖。煤渣砖不得用于长期受热 200℃以上,受急冷急热和有酸性介质侵蚀的建筑部位。

1. 规格尺寸

煤渣砖外形为直角六面体,公称尺寸为:长 240mm,宽 115mm,高 53mm。

2. 强度等级

煤渣砖的强度等级应符合表 2-26 的规定。优等品的强度等级应不低于 MU15 级，一等品的强度等级应不低于 MU10 级，合格品的强度等级应不低于 MU7.5 级。

煤渣砖强度等级（MPa） 表 2-26

强度等级	抗压强度		抗折强度	
	10块平均值 ≥	单块最小值 ≥	10块平均值 ≥	单块最小值 ≥
MU20	20.0	15.0	4.0	3.0
MU15	15.0	11.2	3.2	2.4
MU10	10.0	7.5	2.5	1.9
MU7.5	7.5	5.6	2.0	1.5

注：强度等级以蒸汽养护后 24~36h 内的强度为准。

3. 质量等级

煤渣砖根据尺寸偏差、外观质量、强度等级分为优等品、一等品和合格品三个质量等级。煤渣砖的尺寸允许偏差与外观质量应符合表 2-27 规定。

煤渣砖尺寸允许偏差与外观质量（mm） 表 2-27

项 目			优等品	一等品	合格品
尺寸允许偏差	长度	≤	±2	±3	±4
	宽度	≤			
	高度	≤			
对应高度差		≤	1	2	3
每一缺棱掉角的最小破坏尺寸		≤	10	20	30
完整面		不少于	2条面和1顶面或2顶面和1条面	1条面和1顶面	1条面和1顶面
裂缝长度 (1)大面上宽度方向及其延伸到条面的长度		≤	30	50	70
(2)大面上长度方向及其延伸到顶面上的长度或条、顶面水平裂纹的长度			50	70	100
层裂			不允许	不允许	不允许

2-11 什么是矿渣砖？其主要技术指标有哪些？

矿渣砖是用水淬矿渣 90%、石灰 10%，加水 15%（按矿渣、石灰的总重量）拌匀、消解，活化后制模成型，经常压蒸汽养护而成。

(1) 规格。矿渣砖的规格为 240mm×115mm×53mm。
(2) 强度等级。可分为 MU20、MU15、MU10 三级。
(3) 吸水率。其吸水率为 7%～9.5%。
(4) 抗冻性。其抗冻性合格。
(5) 密度。其密度为 2000～3000kg/m^3。

2-12 什么是煤矸石砖？其主要技术指标有哪些？

煤矸石砖是由采煤带出的煤矸石经粉碎掺入少量黏土加水搅拌压制成型，干燥后焙烧而成。因其本身也是燃料，故焙烧时可节约煤 50%～60%。

(1) 规格。煤矸石砖的规格为 240mm×115mm×53mm。
(2) 强度等级。可分为 MU20、MU15、MU10 三级。
(3) 吸水率。其吸水率为 6.8%～23%。
(4) 抗冻性。其抗冻性合格。
(5) 密度。其密度为 1400～1650kg/m^3。

2-13 什么是碳化灰砂砖？其主要技术指标有哪些？

用 85%～90% 的石屑或砂、10%～15% 石灰，加水调拌均匀，压制成型，利用石灰窑的废气二氧化碳进行碳化而成，呈灰白色。

(1) 规格。碳化灰砂砖的规格为 240mm×115mm×53mm。
(2) 强度等级。可分为 MU15、MU10、MU7.5 三级。

(3) 吸水率。其吸水率为 8%～8.7%。
(4) 抗冻性。其抗冻性合格。
(5) 密度。其密度为 1700～1800kg/m³。
碳化灰砂砖不得在水流冲刷及严重的化学侵蚀等处使用。

2-14 什么是砌筑工程常用砌块？

砌块是指砌筑用人造块材，外形多为直角六面体，也有各种异型的。砌块系列中主规格的长度、宽度或高度有一项或一项以上分别大于 365mm、240mm 或 115mm。但高度不大于长度或宽度的 6 倍，长度不超过高度的 3 倍。砌块系列中主规格高度大于 115mm，而又小于 380mm 的砌块称为小型砌块，简称小砌块。

小型砌块按其所用材料不同，有蒸压加气混凝土砌块、普通混凝土小型空心砌块、轻骨料混凝土小型空心砌块、粉煤灰砌块、粉煤灰小型空心砌块、石膏砌块等。

2-15 什么是普通混凝土小型空心砌块？它有哪些技术性能指标？

普通混凝土小型空心砌块简称普通混凝土小砌块，是以普通混凝土或轻骨料混凝土浇筑预制而成的空心砌块，如图 2-3 所示。其最小外壁厚度应不小于 30mm，最小肋厚应不小于 25mm，空心率在 25%～50%。

1. 规格尺寸

普通混凝土小型空心砌块主要规格，见表 2-28 所列，其他规格可由供需双方协商。

2. 强度等级

普通混凝土小型空心砌块的强度等级，见表 2-29 所列。

3. 质量等级分类标准

普通混凝土小型空心砌块质量等级分类标准，见表 2-30 所列。

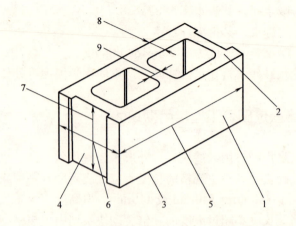

图 2-3 普通混凝土小型空心砌块
1—条面；2—坐浆面（肋厚较小的面）；3—铺浆面（肋厚较大的面）；
4—顶面；5—长度；6—宽度；7—高度；8—壁；9—肋

普通混凝土小型空心砌块主要规格　　　表 2-28

项目	外形尺寸(mm)			最小壁肋厚度(mm)	空心率(%)
	长度	宽度	高度		
主砌块	390	190	190	30	50
辅助砌块	290	190	190	30	42.7
	190	190	190	30	43.2
	90	190	190	30	15

普通混凝土小型空心砌块的强度等级（MPa）　　表 2-29

强度等级	砌块抗压强度	
	平均值不小于	单块最小值不小于
MU20	20.0	16.0
MU15	15.0	12.0
MU10	10.0	8.0
MU7.5	7.5	6.0
MU5.0	5.0	4.0
MU3.5	3.5	2.8

普通混凝土小型空心砌块质量等级分类标准　　表 2-30

项目			允许偏差(mm)或质量要求		
			优等品(A)	一等品(B)	合格品(C)
尺寸(mm)	长度		±2	±3	±3
	宽度				±3
	高度				±3, −4
弯曲(mm)		不大于	2	2	3
掉角缺棱	个数(个)	不多于	0	2	2
	三个方向投影尺寸的最小值(mm)	不大于	0	20	30
裂纹延伸的投影尺寸累计(mm)		不大于	0	20	30
相对含水率(%)	使用地区的年平均湿度		>75	50～75	<50
	3块平均值		≤45	≤40	≤35
	抗渗性(用于清水外墙)		水面下降高度3块中任1块≤10mm		

4. 试验和检验

普通混凝土小型空心砌块的试验和检验，见表 2-31 所列。

普通混凝土小型空心砌块的试验和检验　　表 2-31

材料名称及相关标准、规范代号	组批原则	试验项目	抽取数量
《普通混凝土小型空心砌块》(GB 8239—1997)	每 1 万块为一验收批，不足 1 万块也按一批计	外观质量和尺寸偏差	32
		强度等级	5
		相对吸水率	3
		抗渗性	3
		抗冻性	10
		空心率	3

2-16 什么是轻骨料混凝土小型空心砌块？它有哪些技术标准？

轻骨料混凝土小型空心砌块简称轻骨料混凝土小砌块，是以轻骨料混凝土浇筑预制而成的空心砌块。轻骨料混凝土小型空心砌块的原材料采用水泥、陶粒和陶砂、膨胀珍珠岩、粉煤灰、砂、水及外加剂等。按其孔数的排数分为：单排孔、双排孔、三排孔和四排孔。最小外壁厚和肋厚不应小于20mm。

1. 规格尺寸

（1）轻骨料混凝土小型空心砌块的主砌块规格为390mm×190mm×190mm，如图2-4所示。

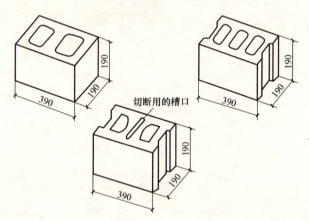

图2-4 轻骨料混凝土小型空心砌块

（2）其他辅助砌块规格为290mm×190mm×190mm，190mm×190mm×190mm，90mm×190mm×190mm，可由供需双方商定。

单块砌块重量宜控制在15kg内，以便砌筑时搬运。

2. 强度等级

轻骨料混凝土小型空心砌块的强度等级，见表2-32所列。

轻骨料混凝土小型空心砌块的强度等级　　表 2-32

强度等级	抗压强度(MPa)		密度等级范围
	5块平均值不小于	单块最小值不小于	
MU10	10	8	≤1400
MU7.5	7.5	6	
MU5	5	4	≤1200
MU3.5	3.5	2.8	
MU2.5	2.5	2	≤800
MU1.5	1.5	1.2	≤600

3. 质量等级分类标准

轻骨料混凝土小型空心砌块质量等级分类标准，见表 2-33 所列。

轻骨料混凝土小型空心砌块质量等级分类标准　表 2-33

	项　目		一等品	合格品
尺寸允许偏差(mm)	长度(mm)		±2	±3
	宽度(mm)		±2	±3
	高度(mm)		±2	±3
外观质量	缺棱掉角	个数(个) 不多于	0	2
		3个方向投影的最小值(mm) 不大于	0	30
	裂纹延伸投影的累计尺寸(mm) 不大于		0	30

注：1. 承重砌块最小外壁厚度不应小于30mm，肋厚不应小于25mm。
　　2. 保温砌块最小外壁厚和肋厚不宜小于20mm。

4. 密度等级

轻骨料混凝土小型空心砌块的密度应符合表 2-34 的规定，其规定值允许最大偏差为 100kg/m^3。

轻骨料混凝土小型空心砌块密度（kg/m^3）　表 2-34

密度等级	砌块干燥表观密度的范围	密度等级	砌块干燥表观密度的范围
500	≤500	900	810～900
600	510～600	1000	910～1000
700	610～700	1200	1010～1200
800	710～800	1400	1210～1400

5. 抗冻性

轻骨料混凝土小型空心砌块的抗冻性,见表 2-35 所列。

轻骨料混凝土小型空心砌块的抗冻性 表 2-35

使用条件		抗冻等级	质量损失 (%)	强度损失 (%)
非供暖地区		F15	≤5	≤25
供暖地区	相对湿度≤60%	F25		
	相对湿度>60%	F35		
水位变化、干湿循环或粉煤灰掺量不小于取代水泥量50%时		F50		

注:1. 非供暖地区指最冷月份平均气温高于−5℃的地区;供暖地区指最冷月份平均气温不高于−5℃的地区。
  2. 抗冻性合格的砌块的外观质量也应符合表 2-33 的要求。

6. 试验和检验

轻骨料混凝土小型空心砌块的试验和检验,见表 2-36 所列。

轻骨料混凝土小型空心砌块的试验和检验 表 2-36

材料名称及相关标准、规范代号	组批原则	试验项目	抽取数量
《轻集料混凝土小型空心砌块》GB/T 15229—2002	同一品种轻骨料配制成的相同密度等级、相同强度等级、相同质量等级和同一生产工艺制成的砌块每 1 万块为一验收批,不足 1 万块也按一批计	外观质量和尺寸偏差	$32(n_1=n_2=50)$
		强度	5
		密度、含水率、吸水率和相对含水率	3
		干缩性	3
		抗冻性	10
		放射性	按《建筑材料放射性核素限量》(GB 6566—2001)抽取

2-17 什么是蒸压加气混凝土砌块？它有哪些技术指标？

蒸压加气混凝土砌块是以水泥、石灰、炉渣、粉煤灰、加气剂等材料，经搅拌、浇筑成型、预制而成的实心砌块。

1. 规格尺寸

蒸压加气混凝土砌块的主规格为 600mm×200mm×250mm，其详细规格尺寸见表 2-37 所列。

蒸压加气混凝土砌块的规格尺寸（mm）　　表 2-37

长度 L	宽度 B	高度 H
600	100、120、125	200、240、250、300
	150、180、200	
	240、250、300	

注：如需特殊规格，可由供需双方协商解决。

2. 强度级别

蒸压加气混凝土砌块的强度级别，见表 2-38 所列。

蒸压加气混凝土砌块的强度级别　　表 2-38

强度级别	体积密度级别	B03	B04	B05	B06	B07	B08
	优等品(A) ≤	A1.0	A2.0	A3.5	A5.0	A7.5	A10.0
	合格品(B) ≤			A2.5	A3.5	A5.0	A7.5

3. 质量等级分类标准

蒸压加气混凝土砌块质量等级分类标准，见表 2-39 所列。

蒸压加气混凝土砌块质量等级分类标准　　表 2-39

项目			指标	
			优等品(A)	合格品(B)
尺寸允许偏差(mm)	长度	L	±3	±4
	宽度	B	±1	±2
	高度	H	±1	±2

续表

项目			指标	
			优等品(A)	合格品(B)
缺棱掉角	最大尺寸(mm)	不得大于	0	70
	最小尺寸(mm)	不得大于	0	30
	大于以上尺寸的缺棱掉角个数(个) 不多于		0	2
裂纹长度	任一面上的裂纹长度不得大于裂纹方向尺寸的		0	1/2
	贯穿一棱二面的裂纹长度不得大于裂纹所在面的裂纹方向尺寸总和的		0	1/3
	大于以上尺寸的裂纹条数(条) 不多于		0	2
爆裂、粘膜和损坏深度(mm)		不得大于	10	30
平面弯曲			不允许	
表面酥松、层裂			不允许	
表面油污			不允许	

4. 抗压强度

蒸压加气混凝土砌块的抗压强度，见表 2-40 所列。

蒸压加气混凝土砌块的抗压强度　　　表 2-40

强度等级	立方体抗压强度(MPa)	
	平均值不小于	单块最小值不小于
A10.0	10.0	8.0
A7.5	7.5	6.0
A5.0	5.0	4.0
A3.5	3.5	2.8
A2.5	2.5	2.0
A2.0	2.0	1.6
A1.0	1.0	0.8

5. 抗冻性

蒸压加气混凝土砌块的抗冻性，见表 2-41 所列。

蒸压加气混凝土砌块的抗冻性　　　　表 2-41

体积密度级别		B03	B04	B05	B06	B07	B08
质量损失(%)≤		5					
冻后强度 (MPa)≥	优等品(A)	0.8	1.6	2.8	4.0	6.0	8.0
	合格品(B)			2.0	2.8	4.0	6.0

6. 干密度

蒸压加气混凝土砌块的干密度，见表 2-42 所列。

蒸压加气混凝土砌块的干密度　　　　表 2-42

干密度级别		B03	B04	B05	B06	B07	B08
干密度	优等品≤	300	400	500	600	700	800
	合格品≤	325	425	525	625	725	825

7. 试验和检验

蒸压加气混凝土砌块的试验和检验，见表 2-43 所列。

蒸压加气混凝土砌块的试验和检验　　　　表 2-43

材料名称及相关标准、规范代号	组批原则	试验项目	抽取数量
《蒸压加气混凝土砌块》GB 11968—2006	同品种、同规格、同等级的砌块，以 1 万块为一批，不足 1 万块也为一批	外观质量和尺寸偏差	50（$n_1=n_2=50$）
		强度等级	3 组 9 块
		干密度	3 组 9 块

2-18　什么是粉煤灰砌块？它有哪些技术指标？

粉煤灰砌块是以粉煤灰、石灰、石膏和骨料等为原料，加水搅拌、振动成型、蒸汽养护制成的。

粉煤灰砌块的主要规格尺寸为 880mm×380mm×240mm、880mm×430mm×240mm。砌块端面留灌浆槽，如图 2-5 所示。

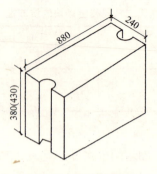

图 2-5 粉煤灰砌块

粉煤灰砌块按其抗压强度分为 MU10、MU13 两个强度等级。各强度等级的抗压强度应符合表 2-44 的规定。

粉煤灰砌块抗压强度（MPa） 表 2-44

强度等级	抗 压 强 度	
	3 块平均值不小于	单块最小值不小于
MU10	10.0	8.0
MU13	13.0	10.5

粉煤灰砌块按其外观质量、尺寸偏差和干缩性能分为一等和合格 2 个品级。各品级的外观质量和尺寸允许偏差应符合表 2-45 的规定。

粉煤灰砌块的外观质量和尺寸允许偏差 表 2-45

项 目		指 标	
		一等品	合格品
外观质量	表面疏松 贯穿面棱的裂缝 任一面上的裂缝长度不得大于裂缝方向砌块尺寸的 石灰团、石膏团	不允许 不允许 1/3 直径大于 5mm 的不允许	
	粉煤灰团、空洞和爆裂	直径大于 30mm 的不允许	直径大于 50mm 的不允许
	局部突起高度(mm)不大于	10	15
	翘曲(mm)不大于	6	8
	缺棱掉角在长、宽、高三个方向上的投影的最大值(mm)不大于	30	50

续表

项目		指标	
		一等品	合格品
高低差	长度方向(mm)	6	8
	宽度方向(mm)	4	6
尺寸允许偏差	长度(mm)	+4,-6	+5,-10
	宽度(mm)	+4,-6	+5,-10
	高度(mm)	±3	±6

2-19 什么是粉煤灰小型空心砌块？它有哪些技术性能指标？

粉煤灰小型空心砌块是以粉煤灰、水泥及各种轻重骨料加水经拌合制成的小型空心砌块。其中粉煤灰用量不应低于原材料重量的10%，生产过程中也可加入适量的外加剂调节砌块的性能。

1. 性能

粉煤灰小型空心砌块具有轻质高强、保温隔热、抗震性能好的特点，可用于框架结构的填充墙等结构部位。

粉煤灰小型空心砌块按抗压强度，分为MU2.5、MU3.5、MU5.0、MU7.5、MU10.0和MU15.0六个强度等级。砌块的强度等级应符合表2-46的要求。

粉煤灰小型空心砌块强度等级（MPa）　　　表2-46

强度等级	砌块抗压强度		强度等级	砌块抗压强度	
	平均值≥	最小值		平均值≥	最小值
2.5	2.5	2.0	7.5	7.5	6.0
3.5	3.5	2.8	10.0	10.0	8.0
5.0	5.0	4.0	15.0	15.0	12.0

2. 质量要求

粉煤灰小型空心砌块按孔的排数，分为单排孔、双排孔、三排孔和四排孔四种类型。其主规格尺寸为 390mm×190mm×190mm，其他规格尺寸可由供需双方协商确定。粉煤灰小型空心砌块根据尺寸允许偏差、外观质量、碳化系数、强度等级，分为优等品（A）、一等品（B）和合格品（C）3 个等级。

粉煤灰小型空心砌块的尺寸允许偏差和外观质量应分别符合表 2-47 和表 2-48 的要求。

粉煤灰小型空心砌块尺寸允许偏差（mm）　　表 2-47

项目名称	优等品	一等品	合格品
长度	±2	±3	±3
宽度	±2	±3	±3
高度	±2	±3	+3 -4

注：最小外壁厚不应小于 25mm，肋厚不应小于 20mm。

粉煤灰小型空心砌块外观质量　　表 2-48

项　目　名　称		优等品	一等品	合格品
缺棱掉角（个数）	不多于	0	2	2
三个方向投影尺寸最小值(mm)	不大于	0	20	30
裂缝延伸投影的累计尺寸(mm)	不大于	0	20	30
弯曲		2	3	4

2-20　什么是石膏砌块？它有哪些技术指标？

石膏砌块是以建筑石膏为原料，加水拌合，浇筑成型，自然干燥或烘干而制成的轻质块状隔墙材料，在生产中还可加入各种轻骨料、填充料、纤维增强材料、发泡剂等辅助原料，也可用高强石膏粉或部分水泥代替建筑石膏，并掺加粉煤灰生产石膏砌块。

1. 种类

石膏砌块可分为天然石膏砌块和工业副产石膏砌块，实心石膏砌块和空心石膏砌块,普通石膏砌块和防潮石膏砌块等类型。目前,国内以空心石膏砌块为主,国外以实心石膏砌块为主。

2. 性能

石膏砌块墙体为轻质结构,具有减轻建筑自重,降低基础造价,提高抗震能力,长期使用过程中不会释放有害气体,无放射性和重金属危害,并具有安全防水、调节温度、保温隔热、节约能源等优良性能,是典型的绿色建材产品。石膏空心砌块的技术性能指标应符合表 2-49 的要求。

石膏空心砌块的技术性能指标　　　表 2-49

项目	单位	指标	备注
密度	kg/m³	6.5(650)	
抗弯强度	MPa	4.0	
抗压强度	MPa	9.0	
抗拉强度	MPa	2.0	
热导率	kcal/(m·h·℃)	0.1245	
软化系数		≥0.5	
隔声	dB	45.71	
放射性		符合《建筑材料放射性核素限量》(GB 6566—2001)	在建筑业上使用不受任何限制,对人体无放射性影响
钉子吊挂荷载	kg	40	
加工性		可锯、可刨、可钻孔	
抗撞击性		15kg 砂袋,2m 距离经受 200 次冲击无裂缝	

注:以上指标均为 80mm 厚度的石膏空心砌块测得。

3. 质量要求

石膏砌块的外形一般为一平面长方体,通常在纵横四边分别设有凹凸企口。常用尺寸为长度×宽度×厚度＝666mm×500mm×(60、80、90、100、110、120)mm,3 块砌块相拼正好是 1m² 的墙面。实心砌块的密度为 800～1100kg/m³,空心砌块的密度为 500～700kg/m³。

石膏砌块的规格与尺寸偏差应符合表 2-50 的要求,外观质量应符合表 2-51 的要求。

石膏砌块的规格与尺寸偏差（mm） 表 2-50

项 目	规 格	尺寸偏差
长度	666	±3
宽度	500	±2
厚度	60、80、90、100、110、120	±1.5

石膏砌块外观质量 表 2-51

项 目	指 标
缺角	同一砌块不得多于一处,缺角尺寸应小于 30mm×30mm
板面裂纹	非贯穿裂纹不得多于一条,裂纹长度小于 30mm,宽度小于 1mm
油污	不允许
气孔	直径 5~10mm,不多于 2 处;直径大于 10mm,不允许

2-21 石砌体常用石材有哪些?

石砌体所用的石材应质地坚实,无风化剥落和裂纹。用于清水墙、柱表面的石材,尚应色泽均匀。

砌筑用石有毛石和料石两类。

1. 毛石

毛石分为乱毛石和平毛石两种。

乱毛石是指形状不规则的石块;平毛石是指形状不规则,但有 2 个子面大致平行的石块。

毛石应呈块状,其中部厚度不宜小于 150mm,如图 2-6 所示。

毛石的强度等级分为 MU100、MU80、MU60、MU50、MU40、MU30 和 MU20。其强度等级是以 70mm 边长的立方体试块的抗压强度表示（取 3 块试块的平均值）。

2. 料石

料石按其加工面的平整程度分为方块石（图 2-7）、粗料石（图 2-8）、细料石（图 2-9）和条石（图 2-10）、板石（图 2-11）等。

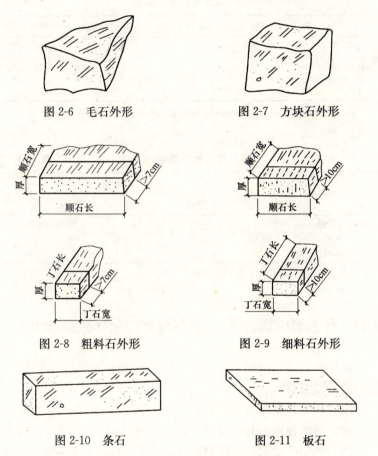

图 2-6　毛石外形　　　　图 2-7　方块石外形

图 2-8　粗料石外形　　　图 2-9　细料石外形

图 2-10　条石　　　　　　图 2-11　板石

2-22　石砌体对石材有哪些加工要求？

料石各面的加工要求，应符合表 2-52 的规定。料石加工的允许偏差应符合表 2-53 的规定。料石的宽度、厚度均不宜小于 200mm，长度不宜大于厚度的 4 倍。石材的强度等级为 MU100、MU80、MU60、MU50、MU40、MU30 和 MU20。

料石各面的加工要求　　　　　　表 2-52

料石种类	外露面及相接周边的表面凹入深度	叠砌面和接砌面的表面凹入深度
细料石	不大于 2mm	不大于 10mm
粗料石	不大于 20mm	不大于 20mm
毛料石	稍加修整	不大于 25mm

注：相接周边的表面是指叠砌面、接砌面与外露面相接处 20～30mm 范围内的部分。

料石加工允许偏差（mm）　　　　　表 2-53

料石种类	加工允许偏差	
	宽度、厚度	长度
细料石	±3	±5
粗料石	±5	±7
毛料石	±10	±15

注：如设计有特殊要求，应按设计要求加工。

2-23 什么是砌筑砂浆？它在砌体中起到哪些作用？

砌筑砂浆是由水泥、砂、水和掺合料或外加剂按一定比例配制而成的胶结材料。

砌筑砂浆在砌体中发挥着以下作用：

（1）粘结作用，砂浆使砌块粘结成整体而共同承受荷载；

（2）均匀承受和传递荷载的作用，砂浆填平砌块表面，使砌体内应力分布较为均匀；

（3）保温、隔热、隔声、密封的作用，砂浆填实砌块间的缝隙，减小了砌体的透气性，提高砌体的保温、隔声、密闭性能。

2-24 砌筑砂浆按其组成成分不同分为哪几种？各自适用范围有哪些？

砌筑砂浆按其成分不同一般分为水泥砂浆、混合砂浆、石灰砂浆和其他砂浆。

1. 水泥砂浆

水泥砂浆是由水泥和砂子按一定比例混合搅拌而成，它可以配制强度较高的砂浆。水泥砂浆一般应用于基础、长期受水浸泡的地下室和承受较大外力的砌体。

2. 混合砂浆

混合砂浆一般由水泥、石灰膏、砂子拌合而成。一般用于地面以上的砌体。混合砂浆由于加入了石灰膏，改善了砂浆的和易性，操作起来比较方便，有利于砌体密实度和工效的提高。

3. 石灰砂浆

石灰砂浆是由石灰膏和砂子按一定比例搅拌而成的砂浆，完全靠石灰的气硬而获得强度。

4. 其他砂浆

（1）防水砂浆。在水泥砂浆中加入3%～5%的防水剂制成防水砂浆。防水砂浆应用于需要防水的砌体（如地下室、砖砌水池、化粪池等），也广泛用于房屋的防潮层。

（2）嵌缝砂浆。一般使用水泥砂浆，也有用石灰砂浆的。其主要特点是砂子必须采用细砂或特细砂，以利于勾缝。

（3）聚合物砂浆。它是一种掺入一定量高分子聚合物的砂浆，一般用于有特殊要求的砌筑物。

2-25 砌筑砂浆对原材料的使用有哪些要求？

1. 水泥

砌筑用水泥对品种、强度等级没有限制，但使用水泥时，应注意水泥的品种性能及适用范围。宜选用普通硅酸盐水泥或矿渣硅酸盐水泥，不宜选用强度等级太高的水泥，水泥砂浆不宜选用水泥强度等级大于32.5级的水泥，混合砂浆选用水泥强度等级不宜大于42.5级的水泥。对不同厂家、品种、强度等级的水泥应分别贮存，不得混合使用。

水泥进入施工现场应有出厂质量保证书，且品种和强度等级应符合设计要求。对进场的水泥质量应按有关规定进行复检，经试验鉴定合格后方可使用，出厂日期超过90d的水泥（快硬硅酸盐水泥超过30d）应进行复检，复检达不到质量标准不得使用。严禁使用安定性不合格的水泥，不得使用受潮的水泥。

2. 砂

宜采用中砂（砌筑毛石砌体宜选用粗砂），并应过5mm孔径的筛。砂的含泥量在配制强度等级不小于M5的水泥砂浆和水泥混合砂浆时，不应超过5％；对强度等级小于M5时，不应超过10％。使用人工砂、山砂及特细砂，应经试配能满足砌筑砂浆技术条件要求。

过筛后的用砂不得含有草根、土块、石块等杂物。

3. 水

宜采用饮用水。当采用其他来源水时，水质必须符合《混凝土用水标准》JGJ 63—2006的规定。水中不含有害物质；不可用污水、pH值<4、硫酸盐小于1％的水以及海水。

4. 掺合料

（1）石灰膏

熟化后的石灰称为熟石灰，其成分以氢氧化钙为主。根据加水量的不同，石灰可被熟化成粉状的消石灰、浆状的石灰膏和液体状态的石灰乳。

生石灰熟化成石灰膏时，应用孔洞不大于3mm×3mm的网过滤，熟化时间不得少于7d；对于磨细生石灰粉，其熟化时间不得小于1d。沉淀池中贮存的石灰膏，应防止干燥、冻结和污染。严禁使用脱水硬化的石灰膏。

(2) 电石膏

制作电石膏的电石渣应用孔径不大于 3mm×3mm 的网过滤，检验时应加热至 70℃并保持 20min，没有乙炔气味后，方可使用，以确保安全。

(3) 黏土膏

采用黏土或粉质黏土制备黏土膏时，宜用搅拌机加水搅拌，通过孔径不大于 3mm×3mm 的网过筛。用比色法鉴定黏土中的有机物含量时应浅于标准色。

(4) 粉煤灰

粉煤灰品质等级用 3 级即可。砂浆中的粉煤灰取代水泥率不宜超过 40%，砂浆中的粉煤灰取代石灰膏率不宜超过 50%。

(5) 有机塑化剂

有机塑化剂应符合相应的有关标准和产品说明书的要求。当对其质量有怀疑时，应经试验检验合格后，方可使用。

5. 外加剂

引气剂、早强剂、缓凝剂及防冻剂应符合国家质量标准或施工合同确定的标准，并应具有法定检测机构出具的该产品砌体强度型式检验报告，还应经砂浆性能试验合格后方可使用。其掺量应通过试验确定。

2-26 砌筑砂浆的技术性能指标有哪些？

砌筑砂浆的技术性能指标主要包括：强度、密度、稠度、分层度和抗冻性。

1. 强度

砌筑砂浆的强度等级宜采用 M20、M15、M10、M7.5、M5、M2.5 六个等级。

2. 密度

水泥砂浆拌合物的密度不宜小于 $1900kg/m^3$；水泥混合砂浆拌合物的密度不宜小于 $1800kg/m^3$。

3. 稠度

根据各类砌体块材吸水程度不同和砌筑部位的特殊要求，砌筑砂浆的稠度宜按表 2-54 中规定选用。

砌筑砂浆的稠度　　　　　表 2-54

砌 体 种 类	砂浆稠度(mm)
烧结普通砖砌体	70~90
轻骨料混凝土小型空心砌块砌体	60~90
烧结多孔砖、空心砖砌体	60~80
烧结普通砖平拱式过梁	50~70
空斗墙、筒拱	
普通混凝土小型空心砌块砌体	
加气混凝土砌块砌体	
石砌体	30~50

4. 分层度

砌筑砂浆的分层度是衡量砂浆经运输、停放保水能力降低的性能指标，即分层度越大，砂浆失水越快，其施工性能越差。因此，为保证砌体灰缝的饱满度、块材与砂浆间的粘结和砌体强度，规定砌筑砂浆的分层度不得大于 30mm。

5. 抗冻性

对具有冻融循环次数要求的砌筑砂浆，经冻融试验后，质量损失率不得大于 5%，抗压强度损失率不得大于 25%。

2-27 为什么砂浆的强度必须符合设计要求?

砂浆的强度必须符合设计要求。一些施工技术人员比较重视砌块的质量管理，而对砂浆配合比却疏于控制。实际上，砌体的强度不仅依赖于砌块本身的强度，也依赖于砂浆的强度。试验证明，相同的砌块，砂浆强度等级由 M10 降至 M2.5 时，砌体强度会下降 40%~60%，事实上因砂浆强度低而导致墙体开裂的事故时有发生。所以工程技术人员应重视砂浆配合比控制，重点控制胶凝材料的掺量。按现今砂浆配合比设计规程进行配合比设计，砂浆的强度超过设计强度较大，为了保证砂浆既满足强度要求，又有良好的和易性，可用适量粉煤灰取代部分水泥，粉煤灰取代率根据试验来决定。

表 2-55 和表 2-56 列出几种砂浆经验配合比，供参考。在按表 2-55 和表 2-56 选用砂浆各材料用量时，应注意到：表中水泥强度等级为 32.5 级，大于 32.5 级水泥用量宜取下限；根据施工水平合理选择水泥用量；当采用细砂或粗砂时，用水量分别取上限或下限；稠度小于 70mm 时，用水量可小于下限；施工现场气候炎热或干燥季节，可酌量增加用水量。

$1m^3$ 砂浆材料用量　　　　　　　　　表 2-55

强度等级	$1m^3$ 砂浆水泥用量（kg）	$1m^3$ 砂浆砂子用量（kg）	$1m^3$ 砂浆用水量（kg）
M2.5～M5	200～230	$1m^3$ 砂子的堆积密度值	270～330
M7.5～M10	220～280		
M15	280～340		
M20	340～400		

$1m^3$ 混合砂浆材料用量　　　　　　　表 2-56

强度等级	$1m^3$ 砂浆水泥用量（kg）	$1m^3$ 砂浆砂子用量（kg）	$1m^3$ 砂浆用水量（kg）
M2.5	120～130	1430～1480	240～310
M5	170～190		
M7.5	210～230		
M10	260～280		

2-28　预防砂浆强度不够的方法有哪些？

在基础砌砖中，常常发现砌砖的砂浆不符合要求，强度不够。主要原因：砂子较细，含土量过大、配合比不准确等所致。在施工中应认真对待。应使用粗砂或中砂，砂子的含泥量不应超过 5%，严格执行配合比，认真过磅计量。

2-29 什么是砂浆的和易性？

砂浆由组成材料经充分混合搅拌而成，凝固前的砂浆拌合物具有适宜于施工的工艺性质，称为和易性（或工作性）。和易性良好的砂浆，不仅在运输和施工过程中不易产生分层、析水现象，而且容易在砖石面上铺成均匀的薄层，与底面良好粘结，既能保证砌筑质量，又可提高劳动生产率。和易性不好的砂浆，施工困难，砌体的强度、密实度和耐久性都较差。砂浆的和易性决定于砂浆的稠度和保水性。

砂浆的稠度，也称流动性。它用标准圆锥体在砂浆内的沉入深度（cm）表示，可用砂浆稠度测定仪测定。

砂浆的稠度与加水量，胶合材料的用量，砂子颗粒的大小、形状，空隙率及砂浆的搅拌时间等因素有关。各种砌体的砂浆稠度应根据砌体种类、施工条件、气候条件选择。一般砖砌体所用砌筑砂浆的稠度为 6~10cm。

砂浆的保水性是指砂浆在搅拌后，运输到使用地点时，砂浆中各种材料分离快慢的性质。如果水与水泥、石灰膏、砂子分离很快，这种砂浆砌筑时，水分容易被砖吸收，使砂浆变硬失去流动性，造成施工困难，降低砌体质量。砂浆的保水性用分层度来表示。保水性好的砂浆，分层度（cm）小，反之就大。一般要求分层度不大于 2cm。

2-30 为保证砌筑砂浆的和易性应注意哪些方面？

（1）注意选择合理的砂子粒径。

（2）不宜选用高等级水泥配置低强度等级砂浆。

(3) 砂浆出料要事先有计划，做到随拌随用。

(4) 搅拌好的砂浆存放时间不得超过所用水泥的初凝时间。

(5) 砂浆存放时间过长时，使用时应重放水泥经搅拌后才能使用。

(6) 砂浆中可适量掺入微末剂或粉煤灰，以改善其和易性。

2-31 怎么留置砌筑砂浆试块？

在每一楼层或 250m³ 砌体中，各种强度等级的砂浆，每台搅拌机至少应检查一次，每次应制作一组试块（6块）。如砂浆强度等级或配合比变更时，还应制作试块，以便检验。试块制作如下：

(1) 在 7.07cm×7.07cm×7.07cm 的无底金属或塑料试模内壁涂一薄层机油，放在预先铺有吸水性较好的湿纸的普通砖上。砖的含水量不大于2%。

(2) 砂浆拌合后，一次注满试模，用直径 10mm、长 350mm 的钢筋捣棒均匀插捣 25 次，在四侧用油漆刮刀沿试模壁插捣数下，砂浆应高出试模顶面 6～8mm。

(3) 约 15～30min 后，当砂浆表面开始出现麻斑状态时，将高出的砂浆沿试模顶面削平。

2-32 砂浆搅拌和制备时各应注意些什么？

(1) 砂浆应采用砂浆搅拌机拌合，应注意以下几点：

1) 搅拌水泥砂浆时，先将砂及水泥投入，干拌均匀后，再加入水搅拌均匀。搅拌时间不少于 2min。

2) 搅拌水泥混合砂浆时，先将砂及水泥投入，干拌均匀后，再投入石灰膏（或黏土膏），加入水搅拌均匀。搅拌时间不少于 2min。

3) 搅拌粉煤灰砂浆时，先将粉煤灰、砂与水泥及部分水投入，待基本拌匀后，再投入石灰膏，加入水搅拌均匀。搅拌时间不少于3min。

4）在水泥砂浆和水泥混合砂浆中掺入微沫剂时，微末剂掺量应事先通过试验确定，一般为水泥用量的 0.5/10000～1/10000（微沫剂按100%纯度计）。微沫剂宜用不低于70℃的水稀释至5%～10%的浓度，随拌合水投入搅拌机内。搅拌时间不少于3～5min。

(2) 砂浆的制备。一般用砂浆搅拌机拌合，要求拌合均匀，拌合时间为1.5min。砂浆应随拌随用。常温下，水泥砂浆应在拌后3h内用完；混合砂浆应在拌后4h内用完。气温高于30℃时，应分别在拌后2h和3h内用完。运送过程中的砂浆，若有泌水现象，应在砌筑前再进行拌合。

2-33 砖砌体砂浆的饱满度与砌体质量之间是怎样的关系？规范是如何规定的？

砂浆饱满度指标是用百格网检测正在施工的砖底表面与砂浆的粘结程度（粘结面的大小）来确定的。因为砂浆在砖表面不均匀的粘结，会产生空隙和孔洞，把均匀受力变成了集中受力，使砖局部受弯、受剪，砌体就有可能出现裂缝。所以，砖缝砂浆的饱满度对砌体质量有很大影响。

《砌体结构工程施工质量验收规范》GB 50203—2011规定：砖砌体水平灰缝的砂浆应饱满，实心砖砌体的砂浆饱满度不得低于80%；竖向灰缝宜采用挤浆或加浆方法，以使其砂浆饱满，严禁用水冲浆灌缝。

2-34 影响砖砌体砂浆的饱满度的因素有哪些？采取哪些措施确保砌体质量？

影响砖砌体砂浆的饱满度的因素及确保砌体质量的措施简述

如下：

（1）由于用于砖砌墙，砂浆中的水分易为干砖吸收而致使砂浆早期脱水降低了保水性和流动性，使砂浆在施工中易于分层离析，难以铺成均匀的薄层；或因砂浆水分易为砖吸收而影响砂浆的正常硬化，使砂浆的强度和粘结力都降低。同时，干砖表面的粉屑也起到隔离作用，影响了砖表面与砂浆的粘结程度从而降低了砂浆的饱满度。

应在砌砖前1d将砖充分浇水湿润，烧结普通黏土砖的含水率宜控制在10%～15%。现场检验砖含水率采用断砖法，砖截面四周浸水深度为15～20mm时为适宜。

（2）用铺浆法砌筑时，铺浆过长，砌筑速度赶不上，砂浆中的水分被底层砖吸收或蒸发，砂浆失去了和易性，使砖表面与砂浆不能粘结。建议摊铺砂浆的长度应控制在50cm以内。

（3）采用大缩口的铺浆方法砌墙，虽然省去了刮缝的工序，但降低了砂浆的饱满度并增加了勾缝的工作量，所以此法不宜使用。

（4）砂料粗细程度、含水率不稳定，计量质量不准确、偏差大甚至不计量等原因使砂浆的稠度不稳定。所以应把好砂料材质关，严格计量质量，严格执行砂浆配合比。施工中，技术人员应根据实际情况及时测定材料含水率，调整配合比用水量。

（5）砂浆搅拌时间短，拌合不均匀，加料顺序颠倒，胶凝材料未散开，使砂浆中含有许多疙瘩。因此，砂浆拌合时应按操作要求拌合。自投料完算起不得少于2min，并按规定的先后顺序加料。

（6）砂浆存放时间过长，或灰槽剩灰长时间没清理，砂子颗粒过大，不均匀，有杂物。应选用合格砂子拌合砂浆，做到随拌随用，随清理灰槽内边角的剩余砂浆。拌制好的砂浆应在2～3h内用完。

（7）砖的形状尺寸不合乎要求，砖的尺寸偏大，会使灰缝厚度缩小，遇到砂浆中个别粗颗粒会使砖块挤不实灰缝。砖的翘曲变形也不易把灰缝挤实，致使灰缝厚薄不均匀，引起砖局部较大的弯曲应力，使砖过早破坏。因此，在砌砖时应尽量用一个砖厂的同型号同批次的砖，认为底砖铺满了砂浆就是砂浆饱满度合格是不对的，应该向工人解释砂浆饱满度的含义及检测方法。

2-35 砌筑砂浆冬期施工有哪些施工方法？

砌筑砂浆冬期施工方法有很少，以下主要介绍掺盐砂浆和冻结法施工。

（1）掺盐砂浆法是在砌筑砂浆内掺入一定数量的抗冻化学剂，来降低水溶液的冰点，以确保砂浆中有液态水存在，使水化反应在一定负温下不间断进行，使砂浆在负温下强度能够继续缓慢增长。同时，由于降低了砂浆中水的冰点，砖石砌体的表面不会立即结冰而形成冰膜。故砂浆和砖石砌体能较好地粘结。掺盐砂浆法的施工工艺具体如下：

1）对材料的要求。砖石在砌筑前，应清除冰霜；拌制砂浆用砂，不得含有冰块和直径大于 10mm 的冻结块；石灰膏等应防止受冻；水泥选用普通硅酸盐水泥；拌制砂浆时，水的温度不得超过 80℃，砂的温度不得超过 40℃。

2）掺盐法砂浆使用温度不应低于 5℃。拌合砂浆前要对原材料加热，应先加热水，当满足不了温度时，再进行砂的加热。当拌合水的温度超过 60℃时，拌制时的投料顺序是：水和砂先拌，然后再投放水泥。掺盐砂浆中掺入微沫剂时，盐溶液和微沫剂在砂浆拌合过程中先后加入。

3）砌筑施工工艺。掺盐砂浆法砌筑砌体，应采用"三一"砌砖法操作，使砂浆与砖的接触面能充分结合，提高砌体的抗压、抗剪强度。不得大面积铺灰，以避免砂浆温度过快降低。砌筑时要求灰浆饱满，灰缝厚度均匀，水平缝和垂直缝的厚度和宽度，应控制在 8～10mm。

（2）冻结法砂浆内不掺任何抗冻化学剂，允许砂浆在铺砌完后就受冻。受冻的砂浆可获得较大的冻结强度，而冻结的强度随

气温降低而增高。当气温升高而砌体解冻时,砂浆强度仍然等于冻结前的强度。冻结法的施工工艺具体如下:

1)冻结法砂浆使用时温度不应低于10℃,当日最低气温不低于-25℃时,对砌筑承重砌体的砂浆强度应比常温施工时提高1倍;当日最低气温低于-25℃时,则应提高2级。

2)采用冻结法施工时,应按照"三一"砌筑法,对于房屋转角处和内外墙交接处的灰缝应仔细砌合。砌筑时采用一顺一丁的砌筑方法。施工中宜采用水平分段施工,墙体应在一个施工段范围内,砌筑至一个施工层的高度,不得间断。每天砌筑高度和临时间断处均不宜大于1.2m。不设沉降缝的砌体,其分段处的高差不得大于4m。

2-36 砌体施工常用哪些手工工具?

砌筑施工常用手工工具有砌筑工具和勾缝工具。

(1)砌筑工具包括瓦刀、大铲、刨锛、手锤、钢凿、摊灰尺和橡胶锤等,见表2-57所列。

砌筑施工工具　　　　　　表2-57

工具名称	用途及特点	简图
瓦刀(泥刀)	用于砍削砖块,涂抹、摊铺砌筑砂浆、发碹、打灰条	
大铲	分为桃形、三角形、长方形三种。用于铲灰、铺灰与刮浆,还可用于调合砌筑砂浆	

续表

工具名称	用途及特点	简 图
刨锛	用于打砍砖块,如"七寸头",也可以小锤与大铲配合使用	
手锤和钢凿	钢凿分为尖头和扁头。手锤和钢凿配合使用,用于敲凿加工石料、异型砖	
摊灰尺	用于摊铺砌筑砂浆和控制灰缝	
橡胶锤	用于砌块砌筑位置的就位、调整	

(2) 勾缝工具包括:勾缝刀、抿子、托灰板,见表 2-58 所列。

勾缝施工工具　　　　表 2-58

工具名称	用途及特点	简 图
勾缝刀（溜子）	用于清水墙或石砌墙勾缝	

续表

工具名称	用途及特点	简图
抿子	用于石砌墙的勾缝、抹缝	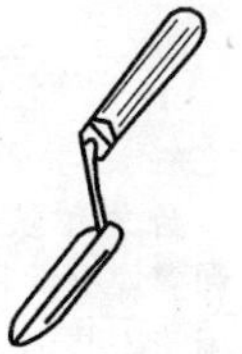
托灰板	用于在勾缝时承托砌筑砂浆	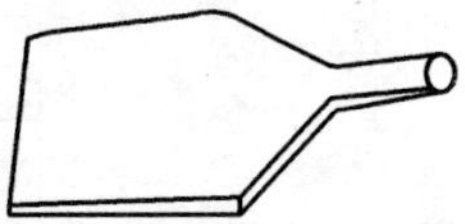

2-37 砌体施工常用备料工具有哪些?

砌筑施工时常用备料工具有铁锹、砖夹、砌块夹具、撬棍、筛子、手推车、料斗、灰槽、砖笼等,见表2-59所列。

备料工具　　　　　　表2-59

工具名称	用途及特点	简图
铁锹	分为方头和尖头两种,用于挖土、装车、筛砂	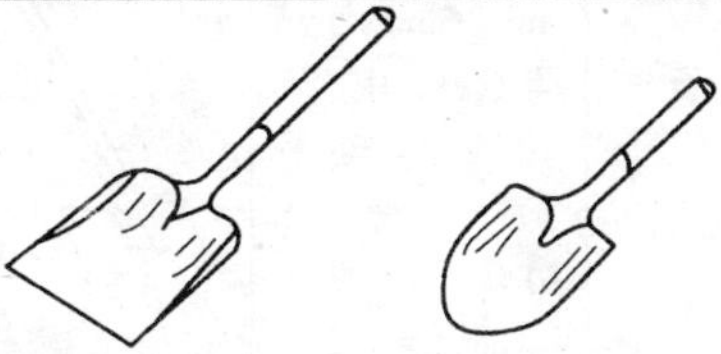
砖夹	用于装卸砖块,一次可以装卸4块标准砖块	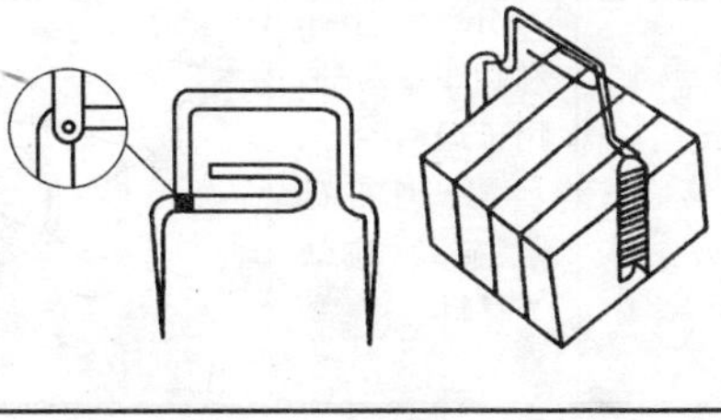

续表

工具名称	用途及特点	简图
砌块夹具	分为单块夹和多块夹两种,用于安装、就位砌块	单块夹　多块夹
撬棍	用于砌筑砌块时撬动、校正、微调砌块位置	
筛子	按照筛孔直径主要分为4mm、6mm、8mm等数种,用于筛选砂子,有手筛、立筛、小方筛	立筛　小方筛
手推车	分为元宝车和翻斗车两种,用于运输砂子、水泥、砌筑砂浆、砖块、砌块等材料	元宝车　翻斗车

续表

工具名称	用途及特点	简图
料斗	与塔吊配合，用于吊送砌筑砂浆	（手动启闭口）
灰槽	用于存放砌筑砂浆	
砖笼	与塔吊配合，用于吊送砖块、砌块	

2-38 砌体施工常用测量放线工具有哪些？

砌筑施工常用测量放线工具见表2-60所列。

测量放线工具　　　　　表 2-60

工具名称	用途及特点	简图
水准尺	分为塔尺和板尺两种，与水准仪配合用于水准测量	
经纬仪	主要由望远镜、底盘部分和基座三部分组成，用于测量角度、平面定位和竖向垂直度观测	
水准仪	主要由望远镜、水准管和基座三部分组成，用于进行水准测量，在砌体施工中用于房屋高差抄平	

2-39 砌体施工有哪些质量检测工具？

砌筑施工所用质量检测工具见表 2-61 所列。

质量检测工具　　　　　　　表 2-61

工具名称	用途及特点	简　图
钢卷尺	宜选用 2m 长度的钢卷尺，用于检测轴线尺寸、位置，测量砌体长度、厚度以及门窗洞口尺寸、预留位置	
托线板（靠尺）和线锤	两者配合使用，用于检测砌体垂直度和平整度	
塞尺	与托线板配合使用，用于检测砌体墙、柱的平整度偏差	塞尺　　水平尺
水平尺	用于检测砌体水平位置的偏差	
准线	用于砌体施工时拉水平用，也可以用来检测水平缝的平直度	—

续表

工具名称	用途及特点	简 图
百格网	用于检测砌体水平灰缝砂浆饱满度	
方尺	用于检测砌体转角的方整程度	阴角方尺　阳角方尺
皮数杆	分为基础用和地上用两种,用做砌体施工时在高度方向的基准	

续表

工具名称	用途及特点	简图
龙门板	用做砌体砌筑时定轴线、中心线的标准	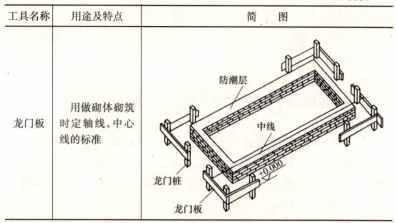

2-40 砌筑工程施工时常用哪些机械设备？

砌筑常用机械设备有垂直运输设备和砂浆搅拌机。

（1）垂直运输设备包括：井架、龙门架、卷扬机、附壁式升降机和塔式起重机等，见表2-62所列。

垂直运输设备构造及应用　　　　表2-62

设备名称	构造	应用
井架	也称作绞车架，由钢管或型钢支设，与吊篮、天梁、卷扬机共同组成的垂直运输系统	一般应用于多层建筑施工的垂直运输
龙门架	由两根立杆、横梁和吊篮共同组成的垂直运输系统	一般应用于多层建筑施工的垂直运输
卷扬机		升降井架和龙门架上吊篮的动力装置
附壁式升降机	也称作附墙外用电梯，有垂直井架和导轨式外用笼式电梯共同组成的垂直运输系统	可提升较高的高度，除用于运输工具和物料外，也可以乘坐施工人员，用于高层建筑的垂直运输
塔式起重机	也称作塔吊，由竖直塔身、起重臂、平衡臂、基座、平衡座、卷扬机等共同组成的垂直运输系统	塔吊臂可以回转360°，工作空间较大，一般应用于多层或高层建筑施工的垂直运输

(2) 砂浆搅拌机是用来搅拌和制备砌筑砂浆，主要分为：1) 倾翻出料式（HJ-200型、HJ_1-200A型、HJ_1-200B型）；2) 门活式（HJ325型）。常用规格为 $0.2m^3$ 和 $0.325m^3$，台班产量一般为 $18\sim26m^3$。

2-41 砂浆搅拌机操作使用时应遵守哪些规定？

（1）砂浆搅拌机操作人员必须经过专门的培训，应了解所操作设备的构造、作用原理和性能，熟知操作方法和保养规程，做到会使用、会保养、会检查、会排除故障，并经考试合格发给操作证后，方可单独操作。

（2）操作人员操作时，必须精神集中，不能擅自离开工作岗位，不得将机器交给未经培训的人员操作。

（3）砂浆搅拌机应安装在坚实、平整的地面上，并按季节搭设防雨或保温的机棚。

（4）砂浆搅拌机的传动部分应设有防护罩，并必须保持完好；操作地点应经常保持整洁，机棚外应配有排除清洗机械废水的设施。

（5）使用前必须按清洁、紧固、润滑、调整、防腐的作业法，检查各部系统、检查离合器、制动器要求灵敏可靠，防护装置齐全可靠，各部结合件不应松动，钢丝绳断裂和磨损不得超过规定，传动皮带松紧度合适，轨道、滑轮应良好，周围无障碍物，经检查合格后，方准合闸启动。

（6）工作前，应空车试运转 $2\sim3min$，搅拌机应平稳，不跳动，不跑偏，各传动部分应运转正常、无异常声响。经确认无问题后方可正式工作。

（7）砂浆搅拌机在运转中，操作人员应随时注意机械的运转情况，如发现有不正常的情况时，应立即停车检修。运转中，严禁进行修理和保养工作，并严禁用铁镐、铁锹或铁棒等任何物件敲击或伸到搅拌筒内扒灰浆或出料。

(8) 当满负荷运转中突然停电或发生故障时,应切断电源,人工将搅拌筒内砂浆清除干净,不允许满负荷启动搅拌机,以防启动时电流过大而损坏电动机(反转出料的搅拌机除外)。

(9) 工作结束后,应用水及时清洗搅拌筒内外,以防砂浆在机械内外结块。

2-42 什么是砌筑用脚手架?

脚手架是墙体砌筑过程中堆放材料和工人进行操作的临时设施。其作用是工人可以在脚手架上进行施工操作,材料也可按规定在架子上堆放,有时还要在架子上进行短距离水平运输。它直接影响工程质量、施工安全和砌筑的劳动生产率。

2-43 对砌筑用脚手架有何要求?

为满足施工使用和承载作用,脚手架必须符合以下基本要求:

(1) 脚手架各部位的材料要有足够的强度,应能安全地承受上部的施工荷载和自重。施工荷载包括工具设备的重量、允许堆放材料的重量和操作人员的自重等。控制使用荷载,均载不大于 $2.7kN/m^2$,集中荷载不大于 $1.5kN$。

(2) 脚手架要有足够的刚度和稳定性,不发生变形、倾斜或摇晃等现象,确保施工操作人员的人身安全。

(3) 脚手架要有足够的宽度。步架高度和离墙距离,以满足工人操作、堆放材料和运输的要求;只堆料和操作的脚手架宽度应为 1~1.5m;还需水平运输的其宽度应在 2m 以上;步架高度也称为可砌高度,应在 1.2~1.4mm。

(4) 脚手架要有足够的安全性。符合高空作业的要求。对脚手架的绑扎、护栏、挡脚板、安全网等应按有关规定执行。应与楼层作业面、垂直运输机械设备相适应。用前、使用过程中均应严格检查。

(5) 脚手架属于周转性重复使用的临时设施,要力求构造简单,拆装方便,损耗小。

(6) 选材用料要经济合理,因地制宜,就地取材。

2-44 脚手架的种类有哪些?

(1) 按搭设位置分类:外脚手架、里脚手架。

(2) 按用途分类:结构工程用脚手架、装饰工程用脚手架、支撑用脚手架。

(3) 按材料分类:木脚手架、竹脚手架、金属脚手架。

(4) 按构造形式分类:多立杆式脚手架、门形框式脚手架、桥式脚手架、吊篮式脚手架、悬挂式脚手架、挑架式脚手架、工具式(常做成操作平台)脚手架。

2-45 常用外脚手架有哪些?

外脚手架是沿建筑物外围从地面搭起的架子,即可用于外墙砌筑,又可用于外墙装饰施工。

外脚手架分为扣件式钢管脚手架、碗扣式钢管脚手架、门式钢管脚手架等。

2-46 扣件式钢管脚手架有何特点? 适用范围如何?

扣件式钢管脚手架由立杆、大横杆、斜杆和底座等钢管杆件连接而成,具有性能可靠、搭设灵活、能适应建筑物平面及高度的变化;承载力强、搭设高度大、坚固耐用、周转次数多;加工简便、一次投资费用低、较经济,故在建筑工程中应用最为广泛。

它除了搭设脚手架外,还可搭设井架、上料平台、栈桥等。

其构造形式分为双排和单排两种,单排脚手架搭设高度不超过30m,一般不宜用于半砖墙、轻质空心砖墙、砌块砌体,如图2-12所示。

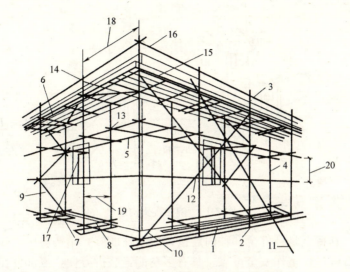

图2-12 扣件式钢管脚手架结构体系

1—垫板;2—底座;3—外立柱;4—内立柱;5—纵向水平杆;6—横向水平杆;7—纵向扫地杆;8—横向扫地杆;9—横向斜撑;10—剪刀撑;11—抛撑;12—旋转扣件;13—直角扣件;14—水平斜撑;15—挡脚板;16—防护栏杆;17—连接墙体固定件;18—柱距;19—排距;20—步距

搭设高度 H:单排架 $H \leqslant 24m$,双排架 $H \leqslant 50m$,应符合《建筑施工扣件式钢管脚手架安全技术规范》JGJ 130—2001 的规定。扣件用于钢管之间的连接形式有三种:

对接扣件用于两根钢管的对接连接;旋转扣件用于两根钢管呈任意角度交叉连接;直角扣件用于两根垂直交叉钢管的连接。

2-47 碗扣式钢管脚手架的特点是什么?适用范围如何?

碗扣式钢管脚手架,又称多功能碗扣式脚手架,其核心部件是碗扣接头,它由上、下碗扣、横杆接头和上碗扣的限位销等组成,如图 2-13 所示。

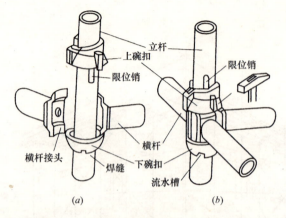

图 2-13 碗扣接头构造

其特点是杆件全部轴向连接,力学性能好,结构简单,接头构造合理,工作安全可靠,具有多功能,装拆方便,零部件损耗低,不存在扣件丢失问题。但其设置位置固定,任意性低,杆件自重较大。

碗扣式钢管脚手架,不仅可以组装各式脚手架,而且可组装各种支撑架、特别是重载支撑架。

2-48 碗扣式钢管脚手架组装程序是什么?

碗扣式钢管脚手架按以下程序安装:立杆底座→立杆→横杆→斜杆→接头锁紧→脚手板→上层立杆→立杆连接销→横杆。

2-49 门式钢管脚手架有何特点?其适用范围如何?

门式钢管脚手架又称多功能门式脚手架,是目前国际上应用最普遍的脚手架之一。它是以门式框架、剪刀撑和水平梁架或脚手板等各种功能配件组合构成基本单元。将基本单元连接起来并增设梯子、栏杆等部件构成整片脚手架,如图 2-14 所示。

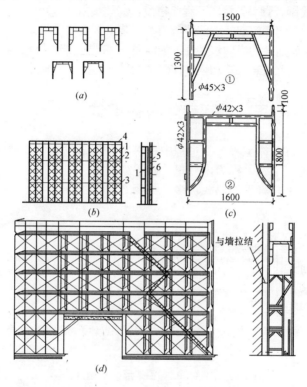

图 2-14 门形框架脚手架
(a) 门形框架脚手架形式;(b) 门形框架脚手架布置图;
(c) 门形框架脚手架构造;(d) 门形框架脚手组装图
1—框架;2—斜撑;3—水平撑;4—栏杆;5—连墙杆;6—砖墙

门式钢管脚手架具有尺寸标准,结构合理,承载能力强,装拆简便,安全可靠等优点。它不仅可搭设里、外脚手架,还可以用来搭设各种用途的施工作业架,如满堂脚手架、模板支撑架和其他承重支撑架及工作平台等,用途非常广泛。

2-50 门式钢管脚手架的搭设程序是什么?

门式钢管脚手架按以下程序搭设:铺放垫木(板)→拉线、放底座→自一端起立门架并随即装剪刀撑→装水平梁架(或脚手板)→装梯子→装设通常的纵向水平杆(如需要)→安装连墙杆→按照以上程序,逐步向上安装→装加强整体刚度的长剪刀撑→安装顶部栏杆。

2-51 内(里)脚手架有哪几种形式?

在进行砌体工程施工过程中,将脚手架搭设在各层楼板上进行砌筑的施工架,称为内(里)脚手架。

内(里)脚手架形式很多,如图2-15所示。

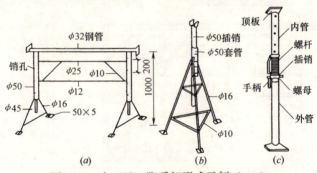

图2-15 内(里)脚手架形式示例(mm)

另外,为配合搭式起重机运输,还可设置组合式操作平台作为集中卸料地点。图2-16为组合式操作平台的形式之一。

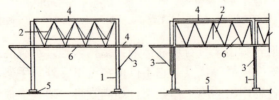

图2-16 组合式操作平台

1—立柱架;2—横向桁架;3—三角挂架;4—脚手架;5—垫板;6—连系桁架

它由立柱架、连系桁架、横向桁架、三角挂架及脚手板等组成。

2-52 内(里)脚手架有何特点？使用时有何要求？

在砌筑工程中采用内(里)脚手架砌筑墙体时，每楼层只需搭设两、三步脚手架，待砌完一个楼层的墙体后，应将脚手架全部转移到上一楼层上使用。因此，内(里)脚手架具有结构简单，尺寸灵活合理，便于拆装，能够频繁重复使用，迅速转移等特点。支柱式脚手架可通过内管上的孔与外管上的螺杆连接，任意调节高度。安装时，按照所需高度调节内外管的位置，再旋转螺母到内管孔洞处，用插销通过螺杆槽与内管孔连接即可。

使用内(里)脚手架时，必须沿外墙设置安全网，以防高空操作人员和杂物坠落。安

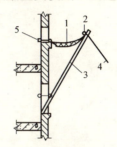

图 2-17 安全网搭设方式之一
1—安全网；2—大横杆；3—斜杆；
4—麻绳；5—栏墙杆

全网一般多用 $\phi 9$ 的麻、棕绳或尼龙绳编织，其宽度不应小于 1.5m，承载能力不应小于 $160 kg/m^2$，图 2-17 为安全网的一种搭设方式。

2-53 脚手架施工的安全措施有哪些？

为了确保脚手架施工安全，脚手架应具备足够的强度、刚度和稳定性。使用脚手架时必须沿外墙设置安全网，以防材料下落伤人和高空操作人员坠落。安全网要随楼层施工进行逐层上升。

过高的脚手架必须设置防雷设施。用接地装置与脚手架连

接，一般每隔 50m 设置一处防雷装置。最远点到接地装置脚手架上的过渡电阻不应超过 10Ω。

对于外脚手架，其外加荷载规定为：均布荷载不超过 270kg/m^2，若需超载，应采取相应的措施，并经验算达到承载要求后方可使用。

三、砖砌体砌筑工程

3-1 砌筑用砖有哪些种类？

砌筑用砖的种类，根据使用材料、制作方法和规格不同，分为烧结砖和非烧结砖。

烧结砖包括烧结普通砖、烧结多孔砖和烧结空心砖。

非烧结砖包括蒸压灰砂砖、粉煤灰砖、煤渣砖、矿渣砖、煤矸石砖和碳化灰砂砖等。

以上砌筑用砖的特性可参见本书二、砌体材料、施工机具和脚手架。其中烧结普通砖由于生产过程破坏农田、污染空气已禁止生产。

3-2 普通砖砌体工程应做哪些技术准备工作？

（1）首先应认真细致地审阅施工图纸和总说明，编制分项设计，进行技术交底。

（2）复核放线的尺寸、位置、标高，做好预检手续。

（3）计算并绘制皮数杆，根据设计要求、砖规格和灰缝厚度，在皮数杆上标明皮数及竖向构造的变化部位。砌筑基础对皮数杆上应标明底层室内地面、防潮层、大放脚、洞口、管道、沟槽和预埋件等。砌筑墙身时，皮数杆上应标上楼面、门窗洞口、过梁、圈梁、楼板、梁及梁垫等。

（4）基础施工前，应在建筑主要轴线部位设置龙门板。龙门板上应标明基础的轴线、底宽、墙身的轴线及厚度、底层地面标高等,并用墨线将轴线及基底宽弹在垫层表面。砌筑基础前,必须用钢尺核对放线尺寸,轴线长度的允许偏差不超过规范规定。

(5) 办好地基、基础工程隐验手续。

(6) 回填基础两侧以及房心土方,安装好暖气沟盖板。

(7) 砌筑墙体前,基础及防潮层应验收合格,在基础顶层弹好墙身轴线、墙厚度线、门窗洞口及柱子的位置线。

(8) 墙内配筋应统一进行翻样加工,分出规格型号,按楼层配套运至现场。预埋件应做好防腐处理。

3-3 普通砖砌体材料准备时应注意哪些方面?

(1) 原材料要事先检验合格方准使用,水泥、砖要有出厂合格证,并按规定抽样送试验室复核检验。对不同窑厂、不同批量的砖均须抽样送验,并记录其使用部位。对砂要进行含泥量的检验。对水泥要送试验室检验强度、稳定性,现场要妥善保管,防止受潮。

(2) 申请砂浆配合比,并根据实验室确定的配合比计算出施工配合比,将其公布于搅拌机棚内,以便执行和检查。

(3) 白灰膏应提前淋制。对黏土砖要提前一天浇水等。

3-4 机具和脚手架在施工前应做哪些准备?

(1) 砂浆搅拌机组装完毕后,要接电试车合格方可使用。

(2) 垂直及水平运输设备安装完毕后,经试车后,才能投入使用。

(3) 现场道路及脚手架的搭设要符合安全要求。

(4) 灰桶和灰槽的数量要充分满足周转使用的需要。

3-5 基础回填土时应注意什么?

基坑(槽)回填时应在相对两侧或四周同时进行,基础墙两侧标高不可相差太多，以免把墙体挤歪；较长的管沟墙，应采取内部加支撑的措施，然后再在外墙回填土方，以免单面填土使基础墙在土压力下变形。

3-6 砖砌体工程施工时一般有哪些要求？

(1) 砌筑砌体前，所用砖应提前 1～2d 浇水润湿。
(2) 用于清水墙和柱表面的砖，应边角整齐，色泽均匀。
(3) 多孔砖的孔洞应垂直于压面砌筑。
(4) 在冻胀环境和条件的地区，地面以下或防潮层以下的砌体，不宜采用多孔砖。
(5) 施工中所用蒸压（养）砖的产品龄期不应小于 28d。
(6) 竖向灰缝不得出现透明缝、瞎缝和假缝。
(7) 当采用铺浆法砌筑砖砌体时，铺浆长度不得超过 750mm；施工期间气温超过 30℃ 时，铺浆长度不得超过 500mm。
(8) 砖砌平拱梁的灰缝应砌成楔形缝。灰缝的宽度，在过梁底部不应小于 5mm，在过梁顶部不应大于 15mm。拱底应有 1% 的起拱，拱脚应伸入墙内不小于 20mm。
(9) 砖砌过梁底部的模板，应在灰缝砂浆强度达到设计强度的 50% 以上后方可拆除。
(10) 在以下部位应整砖丁砌：240mm 厚承重墙每层最上皮处；在梁或梁垫下面；挑檐、腰线等处。
(11) 砌墙体临时间断处时，必须将接槎处表面清理干净，浇水湿润，填补砂浆，并保持灰缝平直。

3-7 砖砌体工程一般包括哪些施工工艺？

砌筑砖砌体通常有抄平放线；摆砖撂底；立皮数杆；盘角、拴线、砌筑；刮缝、清理等工序。

（1）抄平放线。抄平放线是在砌砖前，在基础防潮层或楼面上定出各层的设计标高，并且用 M7.5 水泥砂浆或 C10 细石混凝土抄平。在抄平的墙基上，以龙门板上轴线定位桩为准，弹出墙身轴线、墙体厚度线、门窗洞口位置线。

（2）摆砖摞底。摆砖摞底是指在弹好线的基础顶面或楼面上，按选定的组砌形式进行干砖摆样，使每层砌块排列和灰缝宽度均匀。目的是为了尽量使门窗洞口、墙垛等处符合砖的模数，尽可能减少砍砖，组砌得当。

（3）立皮数杆。皮数杆是砌筑过程中控制墙体竖向尺寸和各种构配件设置标高的一根木制标杆，上面标有每皮砖的厚度、灰缝厚度、门窗洞口、过梁、圈梁、楼板、预埋件等部位的标高位置。

皮数杆一般设置在墙体操作面的另一侧，立于基础垫层转角处、交接处及高低处、墙身转角处、内外墙交接处、楼梯间及洞口较多的地方，用水准仪校正标高后，固定垂直。如墙体较长，可每隔 10~20m 立一根皮数杆。

（4）盘角、挂线、砌筑。盘角、挂线、砌筑是指在砌墙前，在转角处对照皮数杆先砌起 4~6 皮砖，作为砌体横平竖直的主要依据。然后以盘角墙体为准，在两盘角间的墙外侧挂线，再砌中间墙部分，一砖半厚墙及其以上厚墙砌筑时应双面挂线。

（5）刮缝、清理。刮缝、清理是为了保证清水墙面美观、牢固。

3-8 如何砌筑基础大放脚？

（1）基础大放脚的摞底尺寸及收退方法，必须符合设计图纸规定。如果是一层一退，里外均应砌丁砖；如是两层一退，第一层为条砖，第二层为丁砖。

(2) 大放脚的转角处。应按规定放七分头，其数量为一砖半厚墙放三块、二砖厚墙放四块，以此类推。

3-9 如何砌筑室内墙上的暖沟挑砖？

内暖气沟挑砌应砌丁砖，并控制准水平标高，以免影响首层地面的厚度和地面平整。

3-10 基础防潮层的做法怎样？

基础墙的防潮层应按设计规定施工，如设计无规定时，宜用1：2.5配合比的水泥砂浆加适量的防水剂铺设，其厚度为20mm。

3-11 防潮层失去作用的原因及防治措施有哪些？

（1）在基础墙中，防潮层失去作用是常见现象，有的防潮层中根本没有掺入防水粉，而是用砌砖的砂浆抹的防潮层。有的防潮层抹完以后，裂缝太多，从而起不到防潮的作用。还有的是抹完的防潮层受冻而失效。

（2）防治措施

1）施工时把防潮层应作为一项隐蔽工程的工序进行隐蔽验收。施工时应按比例加好防水粉，基础顶面清理干净浇水湿润后抹防潮层，抹完后还应进行养护。

2）防潮层抹灰最好安排在房心回填土以后进行，防止防潮层被破坏。

3）防潮层的砂浆中严禁掺盐，没有保温条件时不得在冬期施工。

3-12 基础的轴线和边线如何引至基槽内？

1. 轴线控制桩的检测

根据建筑物矩形控制网的四角柱，检测各轴线控制桩位确实没有碰动和位移后方可使用。当建筑物轴线比较复杂，如60°柱网或任意角度的柱网，或测量放线使用平行借线时，都要特别注意防止用错轴线控制桩。

2. 四大角和主轴线的投测

根据基槽边上的轴线控制桩，用经纬仪采用正、倒镜（双镜位法）向基础垫层上投测建筑物四大角、四廓轴线和主轴线，经闭合校核后，再详细放出细部轴线。

3. 基础细部线位的测定

根据基础图以各轴线为准，用墨线弹出基础施工中所需要的轴线、边界线、墙线、桩位线、集水坑线等。

3-13 基础砖墙的标高如何控制？

基础砌体的皮数杆应从±0.000位置往下画。皮数杆最好用边长不大于2cm的小方木做成，有构造柱时，把它绑在构造柱主筋上，没有构造柱时，可以在垫层上轴线交点处楔一根钢筋棍，把皮数杆绑在钢筋棍上。皮数杆放在墙身上容易控制砌砖的层高。若皮数杆放在大放脚的外边线上，检查砖层标高时应用水平尺或用木板尺放平检查。

3-14 普通砖墙砌筑形式有哪几种？

砖砌体应上下错缝，内外搭砌。砖柱不得采用包心砌法。
实心普通砖墙立面的砌筑形式有以下几种：
(1) 一顺一丁。一顺一丁是一皮中全部顺砖与全部丁砖间隔砌成。适合于砌一砖、一砖半及二砖墙。

（2）梅花丁。梅花丁是每皮中丁砖与顺砖相隔，上皮丁砖坐中于下皮顺砖，上下皮竖缝相互错开 1/4 砖长。适合于砌一砖、一砖半墙。

（3）三顺一丁。三顺一丁是三皮中全部顺砖与一皮中全部丁砖相隔砌成。上下皮顺砖间竖缝相互错开 1/2 砖长；上下皮顺砖与丁砖间竖缝相互错开 1/4 砖长。适合于砌一砖、一砖半墙。

（4）两平一侧。两平一侧是两皮平砌砖与一皮侧砌的顺砖相隔砌成。这种砌筑形式适合于砌 3/4 砖及 30mm 厚墙。

（5）全顺和全丁。前者适合于砌半砖墙；后者适合于砌圆弧形的烟囱、筒身等。

3-15 砖砌体的哪些部位禁止使用断砖？哪些部位应用丁砌法砌筑？

（1）不允许用断砖之处

1）砖柱、砖垛、砖拱、砖碹、砖过梁、梁的支承处、挑砖层及宽度小于 1m 的窗间墙等重要受力部位。

2）起拉结作用的丁砖。

3）清水砖墙的顺砖。

（2）砖砌体在以下部位应用丁砌法砌筑

1）每层承重墙的最上一皮砖。

2）楼板、梁、梁垫及屋架的支承处（包括墙柱上）。

3）砖砌体的台阶水平面上。

4）挑出层（挑檐、腰线等）中。

3-16 砖墙在转角和纵横墙交接处组砌形式有哪些？

为了避免"通缝"（指上下两皮搭接长度小于 25mm 的部位）的产生，在转角和纵横墙交接处利用半砖、七分头等实施的

73

组砌方式,如图 3-1~图 3-3 所示。

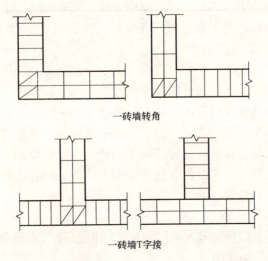

一砖墙转角

一砖墙T字接

图 3-1 砖墙一顺一丁在转角和丁字交接处砌法

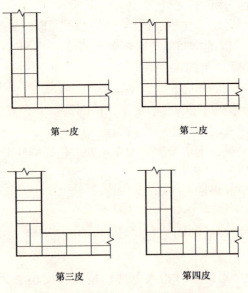

第一皮　　　　　　第二皮

第三皮　　　　　　第四皮

图 3-2 砖墙三顺一丁在转角处的砌法

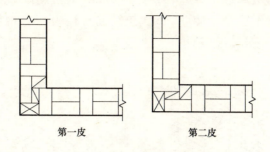

图 3-3 砖墙梅花丁转角处砌法

3-17 为提高墙体整体刚度应如何设置拉结钢筋?

砖墙砌筑时,在外墙转角处、内外墙交叉处,内墙十字交叉处、丁字交接处和内墙转角处都应按照设计要求配置拉结钢筋。当设计无要求时,一般每间隔8～10皮砖厚设置一道拉结钢筋。一般选用φ6钢筋。在370mm厚砖墙转角处,应设置3根钢筋,两侧的应距墙外面60mm处,中间的一根放在墙中间,每边伸入墙内不小于1000mm,两端做成180°弯钩。十字接头处设置4根钢筋,成井字形。丁字接头处设置3根,一根顺外墙方向为直筋,另外两根向两个方向各放置一根为直角筋。若距门窗洞口不足1000mm时应按实际下料。

3-18 墙身留槎有哪些要求?

砖墙转角处和交叉处应同时砌筑,对不能同时砌筑而必须留槎时,应砌成斜槎,斜槎长度不应小于斜槎高度的2/3。如留斜槎有困难,可留直槎,但转角处除外。抗震设防地区不得留直槎。直槎必须做成凸槎,并加设拉结钢筋,拉结钢筋的数量为120mm和240mm墙设置2φ6拉结筋,此后墙厚每增加120mm,增加1根拉结筋。拉结筋间距沿墙高不超过500mm,埋入长度从墙留槎处算起，每边不小于500mm；对抗震设防烈度为6度、7度地区不应小于1000mm。拉结筋直径为 φ6，钢筋端部弯成90°弯钩，如图3-4所示。

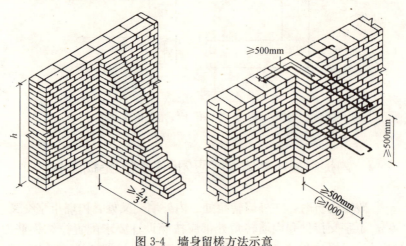

图 3-4　墙身留槎方法示意

3-19　如何砌筑砖垛？

砖垛一般可分为附墙砖垛和独立砖垛。

1. 附墙砖垛

附墙砖垛与墙体连在一起，共同支承屋架或大梁，并可增加墙体的强度和稳定性。常在附墙柱上放置混凝土垫块，使屋架、大梁等的集中荷载均匀地传递到墙上。有时将附墙柱砌成上部小、下部大，用来抵抗外来水平推力，增加墙体的抗倾覆的能力。

无论是哪一种附墙垛砌筑时，应使墙与垛逐皮搭接，搭接长度不少于1/4砖长，头角（大角）根据错缝需要应用"七分头"组砌。组砌时不能采用"包心砌"的做法。墙与垛必须同时砌筑，不得留槎。同轴线多砖垛砌筑时，应拉准线控制附墙垛外侧的尺寸，使其在同一直线上。

2. 独立砖垛

独立砖垛是砖砌单独承力的垛。其形状较多，一般有方垛、多角垛、圆形垛等。

独立砖垛是支承上部楼盖系统传下的集中荷载。当砖垛承力较大时，可在水平灰缝中配置钢筋网片或采用配筋的组合砌体。在垛端要加做混凝土垫头，使集中荷载均匀地传递到砖垛断面上。

3. 砖垛的砌筑

砌筑时先检查砖垛中心以及标高，当多根垛子在同一轴线上时，要拉通线检查纵横柱网中心线；基础面有高低不平时要进行找平。小于3cm的要用1:3水泥砂浆，大于3cm的要用细石混凝土找平，使各垛第一皮砖要在同一标高上。砌筑时要求灰缝密实，砂浆要饱满。错缝搭接不能采用包心砌，并要注意砌角的平整与垂直，经常用线锤或托线板进行检查。

砖垛质量要求较高，规范规定，表面平整在2m范围内：清水垛不大于5mm，混水垛不大于8mm，轴线位移不大于10mm。每天的砌筑高度不宜超过1.8m，否则砌体砂浆产生压缩变化后，容易使垛子偏斜。

对称的清水垛，在组砌时要注意两边对称，防止砌成阴阳垛。砌完成一步架后要刮缝清扫垛面，以备勾缝。砌楼层砖垛时，要检查上层弹的墨线位置是否与下层垛子有偏差，防止上层垛落空砌筑。

如果砖垛与隔墙相交时，则垛身要留接槎，当不能留踏步槎时，要加拉结钢筋，禁止在砖垛内留"母槎"，这样将会减弱砖垛的断面，影响其承载能力。

（1）有网状加筋的砖垛，其砌法和要求与不加筋的相同，加筋数量与要求应满足设计要求规定，砌入的钢筋网在垛的一侧要出1~2mm，以便检查。

（2）采用砖与钢筋混凝土的组合垛，因配有纵向钢筋和横向钢筋，为使混凝土与砖砌体牢固地粘结，其砌筑步骤一般是先绑扎好钢筋，再砌砖，然后浇捣混凝土。浇捣时要防止垛面变形，逐段浇捣或是加固垛面后整体浇捣。逐段浇捣时要注意砌筑的砂浆和碎砖不要掉入组合垛内，以免影响其质量。

在砌筑砖垛时使用的架子要牢固，架子不能靠在垛上，更不能在垛身上留脚手洞。

3-20　墙上如何预留脚手眼？

砌墙时采用单排脚手架，则需在适当高度和间距留出脚手眼，以便插放脚手的小横杆，支承脚手架上的垂直荷载。所以，当脚手眼较大时，留设的部位应慎重考虑，防止因留设孔眼影响墙的整体承载能力。

3-21　墙上如何留设临时洞口？

砌体结构施工时，为了装修阶段的材料运输和人员通过，常在外墙和单元楼的单元隔墙上留设临时性施工洞，为保证墙身的稳定和人身安全，留设洞口的位置应符合规范要求，一般洞口侧边距丁字相交的墙面不小于500mm，而且洞顶宜设置过梁。如在抗震设防地区、设计烈度为9度的建筑物上留设洞口，必须与设计单位研究决定。

3-22　如何预留门窗及设备洞口？

门窗洞预留时，位置和尺寸应符合设计要求，并要准确，上边按要求放好过梁。墙体中的管道预留洞口，洞口高度应适当放大一点，预防墙体沉降时压坏管子。消防箱、配电箱等预留洞口，位置和尺寸要准确，洞口宽度超过60cm时应放预制过梁，小于60cm时应放砖配筋过梁。

3-23　砖砌过梁有哪几种？有什么规定？

砖砌过梁主要有三种：平拱式过梁、弧拱式过梁、钢筋砖过梁。

(1) 用整砖侧砌而成。拱厚等于砖厚，高度为一砖或一砖半。组砌形式为平侧砖和立侧砖相间而成。拱脚伸入墙内 2～3cm，拱脚砌筑成 1/6～1/4 斜度。

(2) 弧拱式过梁的组砌形式与平拱式相同，只是外形呈圆弧形。

(3) 由砖平砌而成，可与墙体采用相同的组砌形式，底部配置 $\phi6$～$\phi8$ 钢筋，每半砖厚放一根，但不少于 3 根，两端伸入墙内 240mm，弯成向上方钩，如图 3-5 所示。

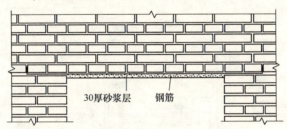

图 3-5　钢筋砖过梁

3-24　变形缝的砌筑和处理有哪些要求？

变形缝是为防止温度变化、不均匀沉降以及地震等因素对建筑的影响而设置的构造缝，它包括伸缩缝、沉降缝和防震缝三种。

当砌筑变形缝两侧的砖墙时，要找好垂直，缝的大小上下一致，更不能中间接触或有支撑物。砌筑时要特别注意，不要把砂浆、碎砖、钢筋头等掉入变形缝内，以免影响建筑物的自由伸缩、沉降和晃动。

变形缝口部位的处理必须按设计要求，不能随便更改，缝口的处理要满足此缝的功能上的要求。如伸缩缝一般用麻丝沥青填缝，而沉降缝则不允许填缝。墙面变形缝的处理形式如图3-6所示。屋面变形缝的处理，如图3-7所示。

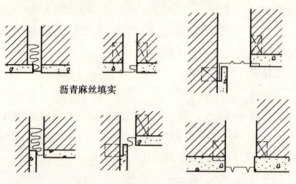

图 3-6 墙面变形缝处理形式

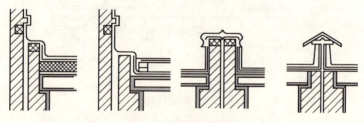

图 3-7 屋面变形缝处理

内墙也可采用原浆勾缝，但必须随砌随勾，并使灰缝光滑密实。

3-25 山尖、封山砌筑时的施工要点是什么？

1. 山尖

当为坡形屋顶建筑砌筑山墙时，在砌到檐口标高时要往上收砌山尖。一般在山墙的中心位置钉上一根皮数杆，在皮数杆上按山尖屋脊标高处钉一根钉子，往前后檐挂斜线，砌时按斜线坡度，用踏步槎向上砌筑，如图 3-8 所示。不用皮数杆砌山尖时，应用托线板和三脚架随砌随校正，当砌筑高超过 4m 时须增设临时支撑，砂浆强度等级提高一级。

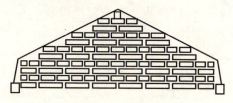

图 3-8　砌山尖

在砌到檩条底标高时，将檩条位置留出，待安放完檩条后，就可进行封山。

2. 封山

封山分为平封山和高封山。平封山砌砖是按照放好的檩条上皮拉线，或按屋面钉好的屋面板找平，并按挂在山尖两侧的斜线打砖槎子，砖要砍成楔形，砌成斜坡，然后用砂浆找平，斜槎找平后，即可砌出檐砖。

高封山的砌法基本与平封山相同，高封山出屋面的高度按图样要求砌好后，在脊檩端头上钉一小挂线杆，自高封山顶部标高往前后檐挂线，线的坡度应和屋面坡度一致，山尖应在正中。砌斜坡砖时应注意在檐口处与山墙两檐处的撞头交圈。高封山砌完后，在墙顶上砌 1 层或 2 层压顶出檐砖，以备抹灰。

3-26　如何砌筑砖挑檐？

挑檐指前后墙檐口挑出的砖檐。

1. 砖挑檐的组砌形式

砖挑檐有一皮一挑、二皮一挑及两皮与一皮间隔挑三种形式。以上三种形式中，挑层的下面一层砖均应为丁砖，挑出宽度每次不应大于 60mm，总的挑出宽度应小于墙厚。

2. 挑檐的砌筑方法

砌筑砂浆强度等级不低于 M5，砖应选用边角整齐、颜色一致的整砖。清水檐砖的光面朝下，混水檐砖的光面朝上。

先砌筑挑檐两头，然后逐层拉线砌筑中间部分。水平灰缝宜使挑檐外侧稍厚、内侧稍薄。灰缝宽度以 8～10mm 为宜。各层竖向灰缝必须砂浆饱满，如图 3-9 所示。

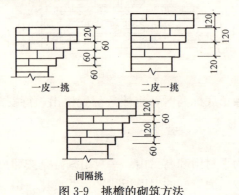

图 3-9　挑檐的砌筑方法

用锚栓固定的挑檐，应在设置临时支撑或在埋设锚栓的砌体达到设计强度后，方可砌筑上部砌体。

3-27　多孔砖砌体有几种组砌形式？

多孔砖墙是由烧结多孔砖与砂浆砌筑而成，一般用于多层建筑承重墙，多孔砖分为 M 型多孔砖和 P 型多孔砖两种，它们的组砌形式有以下几种：

（1）M 型多孔砖墙一般是采用整砖顺砌，多孔砖的手抓孔应平行于墙面，上下皮垂直灰缝相互错开半砖长。如有配砖（即半砖）规格的，也可采用每皮中整砖与半砖梅花丁砌筑形式，如图 3-10 所示。

（2）P 型多孔砖墙一般采用一顺一丁或梅花丁的砌筑形式，如图 3-10 所示，上下皮垂直灰缝相互错开 $\frac{1}{4}$ 砖长。

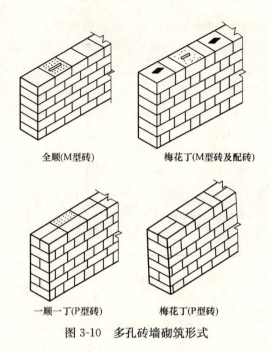

图 3-10 多孔砖墙砌筑形式

3-28 多孔砖砌体转角处及丁字交接处如何砌筑？

（1）如图 3-11 所示，M 型多孔砖墙转角处，应加砌配砖

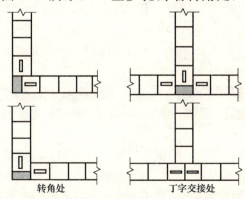

图 3-11 M 型多孔砖墙的转角处及丁字交接处砌法

(即半砖)，配砖应砌于砖墙外角，使灰缝错开。

M型多孔砖墙丁字交接处，应隔皮加砌配砖（即半砖），配砖应砌于砖墙交接处外侧，在横墙端头。

(2) P型多孔砖墙转角处及丁字交接处的砌筑方法同普通砖墙转角处及丁字交接处砌筑一样，应加七分头砖块如图3-12所示。

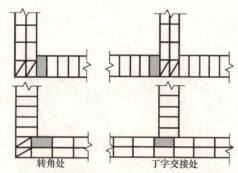

图3-12　P型多孔砖墙的转角处及丁字交接处砌法

3-29　多孔砖砌体施工前应做哪些准备工作？

(1) 多孔砖在运输装卸过程中，严禁倾倒和抛掷。进场后应按强度等级分类堆放整齐，堆置高度不宜超过2m。

(2) 砌筑清水墙的多孔砖，应边角整齐、色泽均匀。

(3) 在常温状态下，多孔砖应提前1~2d浇水湿润。砌筑时砖的含水率宜控制在10%~15%。

(4) 砌筑砂浆的配合比应采用重量比，配合比应经试验确定。砂浆稠度宜控制在60~80mm。砂浆应采用机械搅拌，随拌随用。

(5) 构造柱混凝土的配合比应采用重量比，配合比应通过计算和试配确定。混凝土所用石子的粒径不宜大于20mm。

(6) 多孔砖砌体不应用于±0.000以下的墙体和基础。

3-30 多孔砖砌体施工要点有哪些？

（1）承重多孔砖墙，砖的强度等级应不低于MU15，砂浆强度等级不低于M2.5。

（2）根据建筑剖面图及多孔砖规格制作皮数杆，皮数杆立于墙的转角处或交接处，其间距不超过15m。在皮数杆之间拉准线，依线砌筑，清理基础顶面，并在基础面上弹出墙体中心线及边线（如在楼地面上砌起，则在楼地面上弹线），对所砌筑的多孔砖墙体进行多孔砖试摆。

（3）灰缝应横平竖直，水平灰缝和竖向灰缝宽度应控制在10mm左右，但不应小于8mm，也不应大于12mm。

（4）水平灰缝的砂浆饱满度不得小于80%，竖缝要刮浆适宜，并加浆灌缝，不得出现透明缝，严禁用水冲浆灌缝。

（5）多孔砖宜采用"三一砌砖法"或"铺灰挤砌法"进行砌筑。竖缝要刮浆并加浆填灌，不得出现透明缝，严禁用水冲浆灌缝。多孔砖的孔洞应垂直于受压面（即呈垂直方向），多孔砖的手抓孔应平行于墙体纵长方向。

对非地震区的多孔砖砌体，可采用铺浆法砌筑，铺浆长度不得超过750mm；当施工期间最高气温高于30℃时，铺浆长度不得超过500mm。

（6）多孔砖墙的转角处和交接处应同时砌筑，不能同时砌筑又必须留置的临时间断处应砌成斜槎。对于代号M多孔砖，斜槎长度应不小于斜槎高度；对于代号P多孔砖，斜槎长度应不小于斜槎高度的2/3，如图3-13所示。

（7）非承重多孔砖墙的底部宜用烧结普通砖砌三皮高，门窗洞口两侧及窗台下宜用烧结普通砖砌筑，至少半砖宽。

（8）多孔砖墙每天可砌高度应不超过1.8m。雨期施工不宜超过1.2m。

（9）门窗洞口的预埋木砖、铁件等应采用与多孔砖横截面一

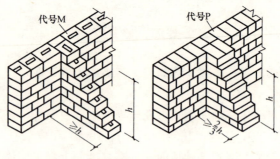

图 3-13 多孔砖斜槎

致的规格。

(10) 多孔砖墙中不够整块多孔砖的部位,应用烧结普通砖来补砌,不得将砍过的多孔砖填补。

(11) 设置构造柱的墙体应先砌墙,后浇混凝土。浇灌构造柱混凝土前,必须将砖砌体和模板浇水湿润,并将模板内的落地灰、砖渣等清除干净。

(12) 砖柱和宽度小于 1m 的窗间墙,应选用整砖砌筑。

(13) 砌体相邻工作段的高度差,不得超过一层楼的高度,也不宜大于 4m。工作段的分段位置,宜设在伸缩缝、沉降缝、防震缝、构造柱或门窗洞口处。

(14) 尚未安装楼板或屋面板的墙和柱,当可能遇大风时,其允许自由高度不得超过规定。当超过限值时,必须采用临时支撑等有效措施。

(15) 施工中需在多孔砖墙中留设临时洞口,其侧边离交接处的墙面不应小于 0.5m;洞口顶部宜设置钢筋砖过梁或钢筋混凝土过梁。

(16) 设有钢筋混凝土抗风柱的建筑物,应在柱顶与屋架间以及屋架间的支撑均已连接固定后,方可砌筑山墙。

(17) 多孔砖砌体中应准确预留槽洞位置,不得在已砌墙体上凿槽打洞;不应在墙面上留(凿)水平槽、斜槽或埋设水平暗管和斜暗管。

(18) 墙体中的竖向暗管宜预埋，无法预埋需留槽时，墙体施工时预留槽的深度及宽度不宜大于 95mm×95mm。管道安装完后，用强度等级不低于 C10 的细石混凝土或 M10 水泥砂浆填塞。

3-31 多孔砖砌体与构造柱连接处如何砌筑？

凡设有构造柱的工程，在砌砖前，先根据设计图纸在构造柱位置进行弹线，并把构造柱插筋处理顺直。砌砖墙时，与构造柱连接处砌成马牙槎。每一马牙槎高度不宜超过 300mm，凸出宽度为 60mm。沿墙高每 500mm 设置 2 根 φ6 的水平拉结钢筋，拉结钢筋每边伸入砖墙内不宜小于 1m，如图 3-14 所示。

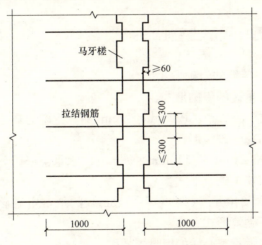

图 3-14 拉结钢筋布置及马牙槎

砌筑砖墙时，马牙槎应先退后进，以保证构造柱脚处为大断面。砌筑过程中按规定间距放置水平拉结钢筋。当砖墙上门窗洞边到构造柱边（即墙马牙槎外齿边）的长度小于 1.0m 时，拉结钢筋则伸至洞边止。

砌墙时，应在各层构造柱底部（圈梁面上）以及该层二次浇灌段的下端位置留出 2 皮砖洞眼,供清除模板内杂物用。清除完毕立即封闭洞眼。

砖墙灰缝的砂浆必须密实饱满,水平灰缝砂浆饱满度不得低于 80%。

3-32 多孔砖砌体上如何留设临时洞口和脚手眼?

施工中需在多孔砖墙中留设临时洞口,其侧边离交接处的墙面不应小于 0.5m;洞口顶部宜设置钢筋砖过梁或钢筋混凝土过梁。

多孔砖墙中留设脚手眼的规定同烧结普通砖墙中留设脚手眼的规定。

3-33 如何使用黏土空心砖?

1. 空心砖墙的组砌形式

(1) 承重砖的组砌形式:

1) 规格 190mm×190mm×90mm 的承重空心砖,可整砖顺砌或采用梅花丁砌筑形式。

2) 规格 240mm×115mm×90mm 的承重空心砖,可采用一顺一丁或梅花丁砌筑形式。

3) 规格 240mm×180mm×115mm 的承重空心砖,可采用全顺或全丁砌筑形式。

(2) 非承重空心砖的组砌形式

非承重空心砖一般采用侧砌的形式,上下皮竖缝应错开 1/2 长。

2. 空心砖墙转角处砌法

空心砖墙转角处应在外角上加砌半砖,以使灰缝错开 1/2。

3. 空心砖墙丁字交接处砌法

空心砖墙丁字交接处应在横墙端头加砌半砖,以使灰缝错开 1/2。

4. 施工注意事项

（1）承重空心砖的孔洞呈垂直方向，非承重空心砖的孔洞应呈水平方向；承重空心砖中的长圆孔应顺墙长方向。

（2）非承重空心砖的底部三皮及门洞两侧一砖范围应用实心砖砌筑。

（3）当墙较长时，应在墙中加砌实心砖带或加设 2～3 根 $\phi 8$ 钢筋。

3-34 砖砌体的施工质量有哪些要求？

砖砌体的施工质量要求可用十六字概括，即"横平竖直、砂浆饱满、组砌得当、接槎可靠"。

1. 横平竖直

横平，即要求每一皮砖必须在同一水平面上，每块砖必须摆平。为此，首先应将基础或楼面抄平，砌筑时严格按皮数杆层层挂水平准线并拉紧，每块砖按准线砌平。

竖直，即要求砌体表面轮廓垂直平整，且竖向灰缝垂直对齐。因而在砌筑过程中要随时用线锤和托线板进行检查，做到"三皮一吊、五皮一靠"，以保证砌筑质量。

2. 砂浆饱满

砂浆的饱满程度对砌体强度影响较大。砂浆不饱满，一方面造成砌块间粘结不紧密，使砌体整体性差，另一方面使砖块不能均匀传力。水平灰缝不饱满会引起砖块局部受弯、受剪而致断裂，所以为保证砌体的抗压强度，要求水平灰缝砂浆饱满度不得小于 80%。竖向灰缝的饱满度对一般以承受压力为主的砌体的强度影响不大，但对砌体抗剪强度有明显影响，因而对受水平荷载和偏心荷载的砌体，饱满的竖向灰缝可提高砌体的抗横向能力。

3. 组砌得当

为保证砌体的强度和稳定性，各种砌体均应按一定的组砌形式砌筑，其基本原则是上下错缝、内外搭砌，错缝长度一般不应小于60mm，并避免墙面和内缝中出现连续的竖向通缝，同时还应考虑砌筑方便和少砍砖。

4. 接槎可靠

接槎是指先砌筑的砌体与后砌筑的砌体之间的接合。接槎方式合理与否对砌体的整体性影响很大，特别在地震区，接槎质量将直接影响到房屋的抗震能力。

3-35 多孔砖砌体的质量验收要求是什么？

多孔砖砌体的质量分为合格和不合格两个等级。

多孔砖砌体质量合格标准及主控项目、一般项目的规定与烧结普通砖砌体基本相同。其不同之处在以下几方面：

(1) 主控项目的第1)条，抽检数量按5万块多孔砖为一验收批。

(2) 主控项目的第4)条取消。

(3) 一般项目第3)条，砖砌体一般尺寸允许偏差表中增加水平灰缝厚度（10皮砖累计数）一个项目，允许偏差为±8mm，检验方法：与皮数杆比较，用尺检查。

3-36 砖砌体工程的质量验收主控项目有哪些？

(1) 砖和砂浆的强度等级必须符合设计要求。检验方法：观察检查并检查砖和砂浆试块试验报告。抽检数量：砖——每一生产厂家的砖到现场后，按烧结砖15万块、多孔砖5万块、灰砂砖及粉煤灰砖10万块各为一验收批，抽检数量为1组；砂浆试块——每一验收批且不超过250m³砌体的各种类型及强度等级的砌筑砂浆，每台搅拌机应至少抽检一次。

(2) 砌体水平灰缝的砂浆饱满度不得小于80%。检验方法：用百格网检查砖底面与砂浆的粘结痕迹面积，每处检测三块砖取其平均值。抽检数量：每检验批抽查不应少于5处。

(3) 砖砌体的转角处和交接处应同时砌筑，严禁无可靠措施的内外墙分砌施工。对不能同时砌筑而又必须留置的临时间断处应砌成斜槎，斜槎水平投影长度不应小于高度的2/3。检验方法：观察检查。抽检数量：每检验批抽20%接槎，且不应少于5处。

(4) 非抗震设防及抗震设防烈度为6度、7度地区的临时间断处，当不能留斜槎时，除转角处外，可留直槎，但直槎必须做成凸槎。留直槎处应加设拉结构筋，拉结钢筋的数量为每120mm墙厚放置1φ6拉结钢筋（120mm厚墙设置2φ6拉结钢筋），间距沿墙高不应超过500mm；埋入长度从留槎处算起每边均不应小于500mm，对抗震设防烈度6度、7度的地区，不应小于1000mm；末端应有90°弯钩。检验方法：观察和尺量检查。抽检数量：每检验批抽20%接槎，且不应少于5处。

(5) 砖砌体的位置及垂直度允许偏差应符合表3-1的规定。

砖砌体的位置及垂直度允许偏差　　　　表3-1

项次	项　目		允许偏差(mm)	检　验　方　法
1	轴线位置偏移		10	用经纬仪和尺检查或用其他测量仪器检查
2	垂直度	每层	5	用2m托线板检查
		≤10m	10	用经纬仪、吊线和尺检查，或用其他测量仪器检查
	全高	>10m	20	

抽检数量：轴线查全部承重墙柱；外墙垂直度全高查阳角，不应少于4处，每层每20m查一处；内墙按有代表性的自然间抽10%，但不应少于3间，每间不应少于2处，柱不少于5根。

3-37 砖砌体工程的质量验收一般项目有哪些？

(1) 砖砌体组砌方法应正确，上下错缝，内外搭砌，砖柱不得采用包心砌法。

合格标准：除符合本条要求外，窗间墙及清水墙面无通缝；混水墙中长度不小于300mm的通缝每间不超过3处，且不得位于同一面墙体上。

抽检数量：外墙每20m抽查1处，每处3~5m，且不应少于3处；内墙按有代表性的自然间抽查10%，且不应少于3间。

检验方法：观察或尺量检查。

（2）砖砌体的灰缝应横平竖直，厚薄均匀。水平灰缝厚度宜为10mm，但不应小于8mm，也不应大于12mm。

抽检数量：每步脚手架施工的砌体，每20m抽查1处。

检验方法：用尺量10皮砖砌体高度折算。

（3）砖砌体的一般尺寸允许偏差应符合表3-2的规定。

砖砌体的一般尺寸允许偏差　　　　表3-2

项次	项目		允许偏差（mm）	检验方法	抽检数量
1	基础顶面和楼面标高		±15	用水准仪和尺检查	不应少于5处
2	表面平整度	清水墙、柱	5	用2m靠尺和楔形塞尺检查	有代表性的自然间10%，但不应少于3间，每间不应少于5处
		混水墙、柱	8		
3	门窗洞口高、宽		±10	用尺检查	检验批洞口的10%，且不应少于5处
4	外墙上下窗口偏移		20	以底层窗口为准，用经纬仪和吊线检查	检验批的10%，且不应少于5处
5	水平灰缝平直度	清水墙	7	接5m线和尺检查	有代表性的自然间10%，但不应少于3间，每间不应少于5处
		混水墙	10		
6	清水墙游丁走缝		20	吊线和尺检查，以每层第一皮砖为准	有代表性的自然间10%，但不应少于3间，每间不应少于5处

四、混凝土小型空心砌块砌体

4-1 混凝土小型空心砌块有哪些种类?

混凝土小型空心砌块是普通混凝土小型空心砌块和轻骨料混凝土小型空心砌块的总称。其中,以碎石或卵石为粗骨料配制的混凝土,主规格尺寸为390mm×190mm×190mm,空心率为25%~50%的小型空心砌块,称为普通混凝土小型空心砌块,简称普通混凝土小砌块;以浮石、火山渣、煤渣、自然煤矸石、陶粒等粗骨料配制混凝土,制作的混凝土小型空心砌块,称为轻骨料混凝土小型空心砌块,简称轻骨料混凝土小砌块。

混凝土小型空心砌块按其尺寸不同又分为主规格砌块和辅助规格砌块,其规格尺寸见表4-1所列。

混凝土小型空心砌块规格尺寸表(mm) 表4-1

项次	砌块名称	外形尺寸			最小壁、肋厚度
		长	宽	高	
1	主规格砌块	390	190	190	30
2	辅助规格砌块	290 190 90	190	190	30

注:1. 对于非抗震设防地区,混凝土小砌块的壁、肋厚度可允许采用27mm;
  2. 非承重砌块的宽度为90~190mm,最小壁、肋厚度可以减少为20mm。

此外,根据混凝土小砌块热工性能的需要,沿厚度方向可设计为一排孔洞、双排孔洞或多排孔洞。这样的混凝土小砌块分别称为单排孔小砌块、双排孔小砌块或多排孔小砌块。孔洞可为方形孔、条形孔或椭圆形孔。

4-2 混凝土小型空心砌块具有哪些特点？

混凝土小型空心砌块是以水泥为胶结料，砂、碎石或卵石、煤矸石、煤渣为骨料，加水搅拌，经振捣、振动加压或冲压成型，并经养护而制成的。为了节约能源，保护土地资源，和充分利用工业废料，国家已经淘汰黏土砖的使用，从根本上改变了过去的"秦砖汉瓦"的落后状态。许多新型墙体材料正在广泛使用，普通混凝土小型空心砌块和以煤渣、陶粒为粗骨料的轻骨料混凝土小型空心砌块，是常用的新型墙体材料。它具有自重轻、机械化和工业化程度高、施工速度快，生产工艺和施工方法简单等优点。砌块还具有美观的饰面以及良好的保温隔热性能等特点，适用于建造各种居住、公共、工业、教育、国防等建筑，应用范围十分广泛。

4-3 混凝土小型空心砌块的应用范围包括哪些？

随着混凝土小型砌块品种的日益增多，其应用范围也不断扩大，在建筑中可用于：

（1）各种墙体：承重墙、隔断墙、填充墙、具有各种色彩花纹的装饰性墙、花园围墙、挡土墙等；

（2）独立柱、壁柱等；

（3）保温隔热墙体、吸声墙体及声障等；

（4）抗震墙体；

（5）楼板及屋面系统；

（6）各种建筑构造：气窗、压顶、窗台、圈梁、阳台栏杆等。

4-4 混凝土小型空心砌块砌筑前应做哪些准备？

(1) 运到现场的小砌块，应分规格、分等级堆放，堆放场地必须平整，并做好排水。小砌块的堆放高度不宜超过1.6m。

(2) 对于砌筑承重墙的小砌块应进行挑选，剔出断裂小砌块或壁肋中有竖向凹形裂缝的小砌块。

(3) 龄期不足28d及潮湿的小砌块不得进行砌筑。

(4) 普通混凝土小砌块不宜浇水；当天气干燥炎热时，可在砌块上稍加喷水润湿；轻集料混凝土小砌块可洒水，但不宜过多。

(5) 清除小砌块表面污物和芯柱用小砌块孔洞底部的毛边。

(6) 砌筑底层墙体前，应对基础进行检查。清除防潮层顶面上的污物。在基层上弹出纵横轴线，门窗洞口位置线及其他尺寸线。

(7) 根据砌块尺寸和灰缝厚度计算皮数，制作皮数杆。皮数杆立在建筑物四角或楼梯间转角处。皮数杆间距不宜超过15m。复核基层标高。

(8) 准备好所需的拉结钢筋或钢筋网片。

(9) 根据小砌块搭接需要，准备一定数量的辅助规格的小砌块。

(10) 砌筑砂浆必须搅拌均匀，随拌随用。

(11) 根据施工图要求制定施工方案，绘好砌块排列图，选定砌筑方法。

(12) 所需机具设备准备就绪。

4-5 混凝土小型空心砌块砌体有哪些构造要求？

混凝土小型空心砌块砌体所用材料，除满足强度设计要求外，尚应满足以下构造要求：

(1) 对室内地面以下的砌体，应采用普通混凝土小型砌块和不低于 M5 的水泥砂浆。

（2）五层及五层以上民用建筑的底层墙体，应采用不低于 MU5 的普通混凝土小型砌块和 M5 的砌筑砂浆。

（3）墙体以下部位，应采用 C20 混凝土灌实砌块的孔洞：

1）底层室内地面以下或防潮层以下的砌体；

2）无圈梁的楼板支撑面下的一皮砌块。

3）屋架或梁等构件支承面下无设置混凝土垫块的，高度不应小于 600mm，长度不应小于 600mm 的砌体；

4）挑梁支承面大，距墙中心线每边不应小于 300mm，高度不应小于 600mm 的砌体。

（4）砌块墙与后砌隔墙交接处，应沿墙高每隔 400mm 在水平灰缝内设置不少于 2φ4、横筋间距不大于 200mm 的焊接钢筋网片，钢筋网片伸入后砌隔墙内不应少于 600mm，如图 4-1 所示。

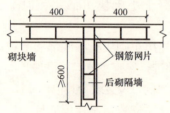

图 4-1　砌块墙与后砌隔墙交接处钢筋网片

4-6　混凝土砌块夹心墙有哪些构造要求？

（1）混凝土小型空心砌块夹心墙由内叶墙、外叶墙以及钢筋拉结件构成，内外叶墙间设保温层。

（2）内叶墙采用主规格混凝土小型空心砌块，外叶墙采用辅助规格（390mm×90mm×190mm）混凝土小型空心砌块，砌块强度等级不应低于 MU10。拉结件采用环形拉结件、Z 形拉结件或钢筋网片。

（3）当采用环形拉结件时，钢筋直径不应小于 φ4；当采用 Z 形拉结件时，钢筋直径不应小于 φ6。拉结件应沿竖向梅花形布置，其水平和竖向最大间距分别不宜大于 800mm 和 600mm；对有振动或抗震设防要求的砌体，其水平和竖向最大间距分别不宜大于 800mm 和 400mm。

4-7 什么是芯柱？它有哪些构造要求？

（1）芯柱是指在砌块内部空腔中插入竖向钢筋，并浇灌混凝土后形成的砌块砌体内部的钢筋混凝土小柱，如图 4-2 所示。

芯柱一般设置在混凝土小型空心砌块砌体结构的纵横墙交接处、楼梯间四角、砌体的转角处，以及一些较长墙体的中间部位。芯柱设置是混凝土小型砌块砌体工程的一项重要的构造措施。

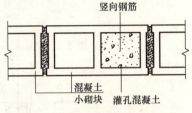

图 4-2 砌块建筑芯柱部位示意

芯柱的设置，不仅对提高混凝土小型空心砌块砌体结构的整体性能有着重要作用，更主要的是提高砌块砌体结构的抗剪性能。

（2）芯柱一般有以下构造要求：

1）芯柱截面不宜小于 120mm×120mm，宜用不低于 Cb20 的细石混凝土浇灌。

2）钢筋混凝土芯柱每孔内插竖筋不应小于 1φ10，底部应伸入室外地面以下 500mm 或与基础圈梁锚固，顶部与屋盖圈梁锚固。

3）在钢筋混凝土芯柱处，沿墙高每隔 600mm 应设 φ4 钢筋网片拉结，每边伸入墙体不小于 600mm，如图 4-3 所示。如在抗震设防地区，每边伸入墙体不宜小于 1000mm。

4）芯柱应沿房屋的全高贯通，并与各层圈梁整体现浇，可采用图 4-4 所示的做法。

5）在 6～8 度抗震设防的建筑物中，应按芯柱位置要求设置钢筋混凝土芯柱；对医院、教学楼等横墙较少的房屋，应根据房屋增加的层数，按表 4-2 的要求设置芯柱。

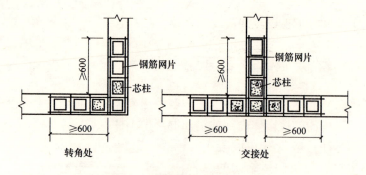

图 4-3 钢筋混凝土芯柱处拉筋

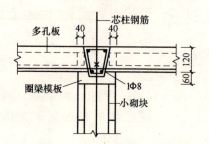

图 4-4 芯柱贯穿楼板的构造

抗震设防区混凝土小型空心砌块房屋芯柱设置要求 表 4-2

房屋层数及抗震设防烈度			设置部位	设置数量
6度	7度	8度		
四	三	二	外墙转角、楼梯间四角、大房间内外墙交接处	外墙转角灌实3个孔;内外墙交接处灌实4个孔
五	四	三		
六	五	四	外墙转角、楼梯间四角、大房间内外墙交接处,山墙与内纵墙交接处,隔开间横墙(轴线)与外纵墙交接处	
七	六	五	外墙转角,楼梯间四角,各内墙(轴线)与外墙交接处;8度时,内纵墙与横墙(轴线)交接处和洞口两侧	外墙转角灌实5个孔;内外墙交接处灌实4个孔;内墙交接处灌实4~5个孔;洞口两侧各灌实1个孔

4-8 混凝土小型空心砌块砌体砌筑的操作工艺顺序是怎样的?

砌筑的操作工艺顺序是：熟悉施工图和排列图→做好施工准备，找出墨线位置→将预先浇水湿润的小砌块运至指定地点→根据墨线铺摊砂浆→小砌块就位和找正→灌嵌竖缝→检验砌筑质量后勾缝→清扫墙面→清扫操作面。

4-9 混凝土小型空心砌块砌体砌筑的操作工艺要点是什么?

操作工艺要点是：
(1) 清扫基层，找出墨斗线，做好砌筑的准备。
(2) 铺砂浆。用瓦刀或配合摊灰尺铺平砂浆，砂浆厚度控制在 10~20mm，长度控制在一块砌块的范围。
(3) 铺设小砌块，并校核砌块的位置和墙面平整度。铺放小砌块时要防止偏斜和碰掉棱角，也要防止挤走已铺好的砂浆。砌筑过程中要经常用托线板及水平尺检查砌体的垂直度和平整度，小量的偏差可利用瓦刀或撬棍拨正，若偏差较大应取下小砌块重新铺放，同时必须将原铺砂浆铲除后，再重新铺设。
(4) 砌筑完几块小砌块以后，应用夹板夹住小砌块对竖缝进行灌浆。如果竖缝宽度大于 30mm 时，应用细石混凝土灌注。
(5) 完成一段墙体的砌筑以后，应将灰缝扫清，将墙面和操作地点清扫干净，有条件时应随手把灰缝勾抹好。

4-10 砌筑混凝土小型空心砌块砌体时，绘制小砌块排列图应遵循哪些原则?

混凝土小砌块砌体的排列图是由施工人员根据设计图纸和小

砌块块型尺寸，芯柱数量，梁、柱及门、窗位置等绘制的施工用图。小砌块排列图应遵循下列原则：

(1) 尽可能多地使用主规格砌块，以提高台班产量。

(2) 砌体中的混凝土小砌块应对孔、错缝搭砌，小砌块的搭接长度不应小于 90mm，当不能保证时，应在水平灰缝中设置拉结钢筋或钢筋网片。

(3) 垂直灰缝宽度和水平灰缝厚度应控制在 8~12mm，灰缝中有配筋时水平灰缝厚度控制在 15mm 以内。

(4) 外墙转角处、纵横墙交接处，混凝土小砌块应分皮咬槎和交错搭砌，以提高房屋的刚度和整体性。

(5) 芯柱位置的混凝土小砌块孔洞必须上下贯通，楼地面第一皮及钢筋搭接处应采用 U 形孔的砌块。

(6) 门窗洞口处混凝土小砌块应考虑门窗固定位置及固定方法。

(7) 水电预埋管线在砌体内布置通道，进出墙面宜用 U 形砌块。

(8) 各种预埋件、锚固件，根据位置选配相应的混凝土砌块。

(9) 预留施工孔洞，应给出施工后的处理方案。

(10) 混凝土小砌块在砌体中的公称尺寸为块体的外形尺寸加灰缝尺寸（例如：390+10=400mm；190+10=200mm）。

(11) 在楼地面砌第 1 皮砌块时，应在芯柱位置侧面预留孔洞。为便于施工操作，预留孔洞的开口一般应朝向室内，以便清理杂物、绑扎和固定钢筋。

(12) 设有芯柱的 T 形接头砌块第 1 皮~第 6 皮排列平面，如图 4-5 所示。第 7 皮开始又重复第 1 皮~第 6 皮的排列，但不用开口砌块，其排列立面如图 4-6 所示。设有芯柱的 L 形接头第 1 皮砌块排列平面，如图 4-7 所示。

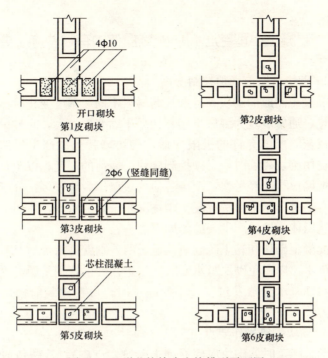

图 4-5 T形芯柱接头砌块排列平面图

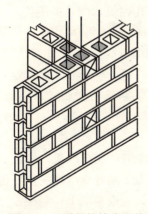

图 4-6 T形芯柱接头砌块
排列立面图

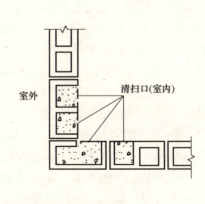

图 4-7 L形芯柱接头第1皮砌块
排列平面图

4-11　混凝土小型空心砌块砌筑操作中有哪些施工要点？

1. 砌块上墙前必须控制湿度

混凝土制成的砌块与一般烧结材料不同，湿度变化时体积也会变化，通常表现为湿胀干缩。如果干缩变形过大，超过了砌块块体或灰缝所能允许的极限变形，砌块墙就可能产生裂缝。因此，在用砌块砌墙时，必须控制砌块上墙前的湿度，以免日后干燥时把墙拉裂。经考察，全国各地砌块墙体裂缝很多，分析其原因，有的是由于不了解混凝土砌块湿胀干缩的特点，使用了湿砌块砌筑墙体，这是产生裂缝的原因之一。

混凝土砌块和黏土砖砌筑，显著的差别就是前者绝对不能浸水或浇水，以避免砌块吸水膨胀。如果在气候特别干燥炎热的情况下，砂浆水分蒸发过快，不便施工时，可在砌筑前稍加喷水湿润。

2. 砌块砌筑操作要点

砌筑施工时，砌块应底面朝上砌筑（反砌），从转角或定位处开始砌筑，内外墙应同时砌筑，纵横墙交错搭接，对孔错缝搭砌，个别情况下无法对孔砌筑时，可错孔砌筑，但其搭接长度不应小于9cm。如不能保证时，在灰缝中应加设钢筋网片；砌体的临时间断处应砌成斜槎，斜槎长度不应小于高度的2/3。如留斜槎确有困难时，除转角处外，也可砌成直槎，但必须采用拉结网片或其他措施，以保证连接牢靠；砌体的灰缝应做到横平竖直、砂浆饱满，严禁用水冲浆灌缝。

3. 砌块墙体结构要点

砌筑内外墙砂浆，应采用不低于M5细砂混合砂浆，细砂浆能保证和易性和粘结度，这主要是考虑为了刮好立缝碰头灰，否则若采用中粗砂，和易性很差，立缝碰头灰很难刮上；每砌3皮砌块高，转角处和丁字、十字墙交叉连接处配一层钢筋网片，墙厚≤15cm时设φ4冷拔低碳钢丝点焊；墙厚≥15cm时设3φ4冷拔低碳钢丝点焊；框架结构与柱筋连接；承重墙体设底圈梁，±0.000线以上每层楼板下砌U形砌块配筋灌注混凝土暗圈梁；为防止窗下裂缝，在窗台下一皮砌块采用U形砌块朝上砌筑，内配φ12钢筋，空心用C15混凝土灌注捣实加以补强。此方法既不改变也不影响清水墙造型，其补强作用也不小于60mm厚混凝土板带。

4-12 如何砌筑混凝土小型空心砌块墙体？

1. 严格控制砌块上墙前的质量

(1) 砌块出厂时，应按照现行国家标准《普通混凝土小型空心砌块》GB 8239—1997有关款项要求检验产品和进行验收，严格控制块体强度等级、抗渗性及相对含水率。

(2) 运到施工现场应按规格、类型堆放整齐，要有防雨、排水措施。

(3) 严禁对砌块浇水，浸水润湿，当天气干燥炎热时，可稍加喷水润湿。

2. 砌体砌筑

为确保房屋的整体性及抗剪、抗拉能力，墙体砌筑应遵循下列原则：

(1) 砌块强度等级达不到设计要求和龄期不足28d的不能砌筑上墙。

(2) 基础砌筑前应用钢尺校核房屋的放线尺寸，其表面尘土、砂石或其他影响粘结的杂物必须清除干净。

(3) 砌筑砂浆要具有高粘结性、良好的和易性、保水性和较高的强度，应采用硅酸盐水泥或矿渣硅酸盐水泥、熟石灰膏、砂等加入改性剂配制专用砂浆（改性剂用户可与中国建筑标准设计研究所联系）。砂的细度模量宜控制在2.50左右，通过0.16mm和0.315mm筛孔的砂粒不宜小于5%和15%，通过1.25mm筛孔的砂粒为95%，全部砂粒应通过2.50mm筛孔。

（4）砂浆机械搅拌时间应按国家现行规范规定或经试验确定，搅拌结束至砂浆使用时间不宜大于 2.5h；炎热、干燥天气应适当缩短使用时间。

（5）施工前应对砌筑砂浆进行试配，基本性能检验方法应符合《建筑砂浆基本性能试验方法标准》（JGJ/T 70—2009）的规定。

（6）砌筑应对孔错缝搭砌，从转角或定位处开始，纵横墙同时砌筑，应尽量采用 390mm 长的主砌块，少用辅助块。上下皮砌块的搭接长度应为主砌块长度一半（190mm），必要时采用长辅助砌块，可出现 90mm 的搭接长度。每砌完一层后，应校核墙体的轴线尺寸和标高。墙体临时间断处应砌成斜槎，长度不应小于高度的 2/3（一般按一步脚手架高度控制）。

4-13 施工所用的混凝土小型空心砌块的产品龄期为什么要规定不小于 28d？

前面已经介绍，混凝土小砌块建筑有许多优点，但这类建筑目前也还存在一个较突出的问题，即墙面裂缝。根据分析，混凝土小砌块建筑墙面裂缝主要与其收缩有关。

混凝土的干燥收缩与使用材料、混凝土配合比、构件形状和尺寸、养护条件、混凝土的龄期、外加剂使用等有关。使用普通硅酸盐水泥配制的混凝土，从完全饱和水状态变成完全干燥状态，干燥收缩值约为 0.5mm/m 左右，经过一个月的时间，干燥收缩值可完成最终收缩值的 50%～60%。

国家标准《砌体结构设计规范》（GB 50003—2001）第 3.2.5 条规定，混凝土小砌块及烧结黏土砖类砌体的收缩率分别为 0.2mm/m 和 0.1mm/m，并注明此收缩率"系由达到收缩允许标准的块体砌筑 28d 的砌体收缩率"。这就可以看出，混凝土小砌块在砌筑施工前应该使其收缩值减小，要达到"收缩允许标准"，即块材上墙砌筑时到最终自然状态砌体的收缩率应在规范规定的范围之内。因此，对混凝土小砌块而言，生产龄期 28d 之后再砌筑上墙，到与环境湿度基本平衡状态下，混凝土小砌块砌体的收缩率将接近 0.2mm/m。这对减少和控制墙体收缩裂缝是有明显效果的。

4-14 混凝土小型空心砌块进入施工现场应进行哪些质量验收？

（1）查验混凝土小砌块产品合格证明书。合格证明书应包括型号、规格、产品等级、强度等级、密度等级、生产日期等内容。

（2）对每一验收批混凝土小砌块（以同一生产厂的相同材料、相同外观质量等级、强度等级、同一生产工艺生产的1万块小砌块为一批，每月生产块数不足1万块时亦按一批计）随机抽取32块进行尺寸允许偏差和外观质量检查，随机抽取5块进行强度等级检验。若尺寸偏差和外观质量的不合格数不超过7块时，则判该批小砌块符合相应产品等级；若试件抗压强度平均值或单块抗压强度最小值有一项不符合规定值时，应降级验收和使用。

（3）查验混凝土小砌块的产品龄期，并应满足小砌块在厂内的自然养护龄期或蒸汽养护期及其后的停放期总时间必须确保 28d。

4-15 混凝土小型空心砌块砌筑前是否需要浇水湿润？

砌体施工时块材含水率直接影响砌体的质量，混凝土小砌块砌体工程也不例外。考虑到普通混凝土比较密实，砌筑砂浆铺到小砌块上后，砂浆中的水分被小砌块吸收不多，故规定，混凝土小砌块施砌时的含水率宜为自然含水率；在天气干燥炎热的情况下，可提前洒水湿润小砌块；对轻骨料混凝土小砌块，可提前浇水湿润。同时，当小砌块表面有浮水时不得施工，以免砌筑时砂浆流淌和砌体变形而达不到施工质量要求。

4-16 混凝土小型空心砌块在运输、堆放中应注意什么问题?

混凝土小砌块运输时,严禁用翻斗车倾倒和任意抛掷,运输高度不宜超出车顶面一皮砌块的高度,以防止其被摔坏。

施工现场混凝土小砌块的堆放应符合下列要求:

(1) 堆放场地应夯实、平整。

(2) 堆放场地应易于排水,雨期不得积水。

(3) 应按混凝土小砌块的规格、强度等级分别堆放,堆垛上应设标志,不合格的混凝土小砌块应及时清出施工现场。

(4) 堆放高度不宜超过 1.6m,当采用集装箱或集装托板时,其叠放高度不应超过两箱或两格(每格 5 皮小砌块)。

(5) 混凝土小砌块的场地堆放应设有循环的运输通道。

(6) 混凝土小砌块的堆放应有防雨、防雪措施。

(7) 混凝土小砌块的特殊改制工作必须在堆放区外进行,其堆放亦应符合上述有关规定。

4-17 混凝土小型空心砌块砌体对砌筑砂浆有何要求?

混凝土小砌块砌体的施工宜选用专用的小砌块砌筑砂浆。当采用非专用砌筑砂浆时,其主要技术性能应满足下列要求:

(1) 砂浆的强度等级应符合设计要求,但不宜低于 M10。

(2) 砂浆的稠度宜为 80~90mm。

(3) 砂浆的分层度宜为 10~20mm。

(4) 砂浆拌合物的密度不应小于 $1800kg/m^3$。

(5) 砂浆的粘结性以沿块体竖向抹灰后拿起转动 360°不掉砂浆为准。

(6) 砂浆应随拌随用,在砌筑前如出现泌水现象,应重新拌合。砂浆宜在拌合后 2.5h 内用完，施工期间最高气温超过 30℃ 时，宜在 1.5h 内用完。

（7）有冻融循环要求时，砂浆应进行冻融循环试验，其重量损失不得大于 5%，强度损失不得大于 25%。

（8）小砌块基础砌体必须采用水泥砂浆砌筑；±0.000 以上的小砌块墙体应用水泥混合砂浆砌筑。

4-18 混凝土小型空心砌块砌筑时，为何应对孔、错缝和反砌？

1. 关于对孔砌筑

国家标准《普通混凝土小型空心砌块》GB 8239—1997 规定，最小外壁厚应不小于 30mm，最小肋厚应不小于 25mm；国家标准《轻集料混凝土小型空心砌块》GB/T 15229—2002 规定，最小外壁厚和肋厚不应小于 20mm。由此可见，混凝土小砌块的承压面积是不大的，对普通混凝土小砌块，承压面（净面积）最小为毛面积的 45%，而对轻集料混凝土小砌块，仅为 33%。因此，为了让上下相邻皮混凝土小砌块的壁、肋尽可能多的面积相重叠，以增强砌体的整体性和砌体强度，砌筑中应注意对孔砌筑，竖向灰缝宽度宜为 10mm。

2. 关于错缝搭砌

混凝土小砌块上下错缝搭砌，不仅是美观上的需要，而更重要的是增强小砌块之间的连接和砌体整体性的需要。故规范规定："搭接长度不应小于 90mm，墙体的个别部位不能满足上述要求时，应在灰缝中设置拉结钢筋或钢筋网片，但竖向通缝仍不得超过两皮小砌块。"应当指出，对混凝土小砌块砌体而言，"竖向通缝"就是指砌体中上下皮小砌块搭接长度小于 90mm 的竖向灰缝。

3. 关于反砌

这里所指的"反砌"即表示混凝土小砌块壁、肋较厚的一面向上砌筑，也就是小砌块生产时的底面朝上砌筑。由于小砌块采用竖向抽芯工艺生产，因此就决定了小砌块底面壁、肋较厚。为使小砌块砌体水平灰缝砂浆饱满和保证砌体的受力性能，同时也为了保持小砌块砌体施工工艺和小砌块砌体强度试验方法的一致性，保证砌筑的小砌块砌体满足设计技术指标的要求，故规定了施工中的"反砌"原则。

4-19　为什么底层室内地面以下或防潮层以下的砌体，在小砌块的孔洞内要用混凝土灌实？

填实室内地面以下或防潮层以下砌体小砌块的孔洞，属于构造措施。主要目的是提高砌体结构的耐久性，预防或延缓冻害，以及减轻地下水中有害物质对砌体的侵蚀。填灌混凝土强度等级不低于C20。

4-20　混凝土小型空心砌块砌体施工中，临时间断处为什么只能留置斜槎？

由于混凝土小砌块块体比较大，又是大孔洞，壁和肋较薄，对施工中留置的直槎是很难补砌结实的，不仅砂浆不可能密实、饱满，而且还容易造成对原有接槎处混凝土小砌块松动，直接影响砌体的整体性。

因此，《砌体结构工程施工质量验收规范》GB 50203—2011规定，混凝土小砌块砌体施工中的临时间断处不允许留置直槎。这一规定与砖砌体施工是不相同的，应予以充分注意。

4-21　施工中如何在小砌块砌体上留置脚手眼？

混凝土小砌块砌体内不宜设置脚手眼，如必须设置时，可用

190mm×190mm×190mm 小砌块侧砌,利用其孔洞形成脚手眼,砌体完工后用强度等级为 C15 的混凝土填实,但在下列部位不得设脚手眼:

(1) 独立柱;

(2) 过梁上与过梁成 60°角的三角形范围及过梁净跨度 1/2 的高度范围内;

(3) 宽度小于 1m 的窗间墙;

(4) 砌体门窗洞口两侧 200mm 和转角处 450mm 范围内;

(5) 梁或梁垫下及其左右 500mm 范围内;

(6) 设计不允许留置脚手眼的部位。

4-22 在混凝土小型空心砌块砌体施工中,如何做到在已砌筑的墙上不打洞和凿槽?

混凝土小砌块是薄壁空心材料,砌好墙体之后打洞、凿槽会损坏小砌块的壁和肋,影响砌体强度,甚至产生裂缝。因此,不允许在已砌筑的墙体上开洞、凿槽。

对此,施工中应注意:

(1) 对设计规定或施工所需的孔洞、管道、沟槽和预埋件等,必须在砌筑时预留或预埋。

(2) 固定圈梁、挑梁等构件侧模的水平拉杆、扁铁或螺栓应从小砌块灰缝中预留 $\phi 10$ 孔穿入,不得在小砌块砌体上打凿安装洞。但可利用侧砌的小砌块孔洞,待模板拆除后用 C20 混凝土将孔洞填实。

(3) 在编制小砌块排列图时,必须将土建施工与水电安装通盘考虑,做到预留、预埋。施工时,负责水电安装的施工员应时时跟随现场,密切配合土建施工进度,做好管线暗敷和空调、排油烟机等家电设备的留设工作,以确保墙体工程质量。

(4) 照明、电信、闭路电视等线路可采用内穿钢丝的白色增强塑料管。水平管线宜预埋于专供水平管用的实心带凹槽的小砌块内，也可敷设在圈梁模板内侧或现浇混凝土楼板（屋面板）中。竖向管线应随墙体砌筑埋设在小砌块孔洞中。管线出口处应用 U 形小砌块（190mm×190mm×190mm）竖砌，内埋开关、插座及接线盒等配件，四周用水泥砂浆填实。

（5）冷、热水水平管可用实心凹槽的小砌块进行敷设，立管宜走 E 形开口砌块的孔洞，待管道试水试验验收合格后，用 C20 混凝土浇灌封闭。

（6）电表箱、电话箱、水表箱、煤气表箱、闭路电视铁盒及信报箱等，均应按设计图要求在砌墙时留设。

4-23 混凝土小型空心砌块砌体砌筑时，墙上的临时施工洞口应如何留置和处理？

混凝土小砌块墙上的临时施工洞口，应满足如下要求：

（1）临时施工洞口留置的位置，其侧边离交接处墙面不应小于 500mm，洞口净宽度不应超过 1m，以尽量减少墙体开洞对砌体整体受力的不利影响。

（2）对抗震设防烈度为 9 度的地区建筑物的临时施工洞口位置，应会同设计单位确定。

（3）临时施工洞口不得留置直槎。

对混凝土小砌块墙上的临时施工洞口，由于不得留置直槎，可采用如下方法留置和处理：

第一种方法：在洞口两侧设置钢筋混凝土构造柱。构造柱断面大小可为 190mm×190mm，混凝土强度等级为 C20，埋置于水平灰缝内的拉结钢筋可采用 $\phi 4$ 钢筋点焊网片，网片的竖向间距不宜大于 400mm，埋入墙内水平灰缝内的每边长度为 500mm。

第二种方法：在临时施工洞口处留置凹凸槎，待补砌完毕之后再在此接槎处的小砌块孔洞口浇筑 C20 混凝土，每一接槎处不少于 2 个孔洞。

4-24 混凝土小型空心砌块承重墙砌筑中，为什么不能与黏土砖等其他块材混砌？

混凝土小砌块是用混凝土制作的薄壁空心墙体材料，与黏土砖等其他块材在强度、线膨胀系数和收缩率等物理力学性质上的差异较大，如混砌，极易引起砌体裂缝，影响砌体整体性及强度。所以，在混凝土小砌块墙体中，小砌块不能与黏土砖等其他块材混砌。如确需镶砌时，应采用预制混凝土块，其混凝土所用材料及强度等级应与混凝土小砌块相当。门窗框与小砌块墙体两侧连接处的上、中、下部位应砌入实心混凝土小砌块或埋有沥青木砖(铁件)的混凝土小型空心砌块(190mm×190mm×190mm)。

4-25 非承重墙不与承重墙或柱同时砌筑时，施工中应采取什么措施？

非承重墙不与承重墙(或柱)同时砌筑时，为使连接处连接可靠，应在连接处的承重墙(或柱)的水平灰缝中预埋 $\phi 4$ 钢筋点焊网片作拉结筋，其间距沿墙(或柱)高不得大于 400mm，埋入承重墙内和伸出墙外的每边长度均不得小于 600mm。

4-26 承重墙(柱)为何严禁使用断裂混凝土小型空心砌块？施工中怎样控制？

所谓"断裂小砌块"是指折断和裂缝比较严重、已属不合格品的小砌块（即裂纹延伸的尺寸累计大于 30mm 的小砌块）。承重墙（柱）中使用这类小砌块，不仅对砌体受力性能产生不利影响，而且也会加重墙体裂缝的发展，降低结构的整体性和使用功能。

混凝土小砌块在出厂检验时已按技术标准进行了产品分类，即区分为优等品、一级品、合格品和不合格品，对不合格品不予出厂，但由于可能存在的漏检，加之在运输、堆放过程中的碰撞和混凝土的收缩影响等，个别小砌块的外观质量会发生变化。对此，除了当混凝土小砌块进入施工场地堆放时，应将那些外观质量不符合要求的小砌块剔除外，在工人砌筑时也必须将外观质量不符合要求的小砌块放置一旁，不能砌于承重墙(柱)中。

4-27 当小砌块的模数不能满足施工图楼层高度要求时，如何来调整其高度？

当小砌块模数不符合楼层的高度时，可在砌块墙顶部采用辅助规格块材补齐，或用加厚混凝土圈梁的方法来调节。

4-28 如何保证混凝土小型空心砌块砌体中竖缝的砂浆饱满度？

（1）砌筑砂浆的施工性能要好，即黏性要强。
（2）竖向灰缝应采用干铺端面法施工，即将小砌块端面朝上铺满砂浆再上墙挤紧。
（3）砌完两块以上的小砌块以后，砌筑工人应用夹板夹住竖缝灌浆。如竖缝宽度大于30mm时应采用细石混凝土灌注。

通过以上三个措施，将可满足施工规范对混凝土小砌块砌体竖向灰缝饱满度不得小于80％的要求。

4-29 混凝土小型空心砌块砌体在雨期施工时应注意什么问题？

（1）室外堆放的混凝土小砌块应有遮盖防雨措施。
（2）雨量为小雨以上时，应停止砌筑，对已砌筑的墙体宜加遮盖。继续施工时，必须复核墙体的垂直度。

(3) 砌筑砂浆的稠度应根据实际情况适当减小。

(4) 每日砌筑高度不宜超过 1.2m。

4-30 混凝土小型空心砌块砌体中的芯柱应如何施工？

(1) 每层每根芯柱柱脚必须用竖砌单孔 U 形、双孔 E 形或 L 形小砌块留设清扫孔。

(2) 砌筑芯柱部位的小砌块时，必须每砌两皮铺设 $\phi 4$ 钢筋点焊网片并伸入相邻墙体 1000mm。

(3) 砌筑中及每层墙体砌至要求标高后，应及时清扫芯柱孔洞内壁及芯柱孔道内掉落的砂浆等杂物。

(4) 芯柱铺筋应采用月牙纹钢，并从上往下穿入芯柱孔洞，通过清扫口与圈梁（基础圈梁、楼层圈梁）伸出的插筋绑扎搭接。搭接长度应为 $40d$，并不得小于 500mm。

(5) 用模板封闭芯柱清扫孔必须有防止混凝土漏浆的措施。

(6) 浇灌芯柱混凝土前，应先浇 50mm 厚与芯柱混凝土 C20 成分相同的水泥砂浆。

(7) 芯柱混凝土必须待墙体砌筑砂浆强度大于 1MPa 时方可浇灌，并应有定量浇灌记录。

(8) 浇灌芯柱混凝土必须按"连续浇灌，分层（300～500mm 高度）捣实"的原则进行操作。每次连接浇灌混凝土的高度宜为半个楼层，且不应大于 1.8m。

(9) 浇灌芯柱的混凝土，宜选用专用的小砌块灌孔混凝土，当采用普通混凝土时，其坍落度不应小于 90mm。

(10) 每次混凝土浇灌后应用小直径（≤30mm）振捣棒逐孔振捣，振捣棒应轻轻插入底部，振捣时间宜控制在几秒钟之内，初次振捣后经过 3～5min，当过多的水被墙体吸收后应进行复振，但必须在芯柱混凝土失去塑态之前。

(11) 复振后再浇捣上半个楼层的芯柱混凝土至楼层圈梁部

位,并宜在两次浇灌混凝土的界面以下200mm范围内搭振。

(12) 当每次浇筑时间间隔不少于1h或浇至楼层圈梁底标高时,应使芯柱混凝土表面低于最上一皮小砌块上表面30～50mm,并保持自然的粗糙面。

(13) 采用预制钢筋混凝土楼板时,芯柱位置处的楼板应预留缺口或设置现浇钢筋混凝土板带,保证芯柱沿整个房屋高度贯通。

4-31 装配式楼盖混凝土小型空心砌块砌体如何保证芯柱在楼盖处贯通?

芯柱是混凝土小型空心砌块砌体的重要构造措施,保证芯柱贯通和断面不削弱是施工中应该重视的问题。

(1) 保证装配式楼盖中混凝土小型空心砌块砌体芯柱在楼盖处贯通的处理办法通常有两种:

1) 在芯柱部位设置现浇钢筋混凝土板带。按芯柱设置的位置,在进行楼面预制板布置时,有芯柱的位置不布置预制板,采用现浇板。待预制板安装后,再支模布筋浇筑混凝土,芯柱混凝土可以和板一起浇筑。这种处理方法,如果在砌块砌体墙中部设有芯柱或芯柱较多的话,会造成较多的现浇板带,给施工带来不便。

2) 采用预制板板端留缺口的办法。也就是说,在预制板布置完后,将有芯柱位置的板,在板端芯柱位置留出缺口,缺口处伸出钢筋锚入芯柱,缺口处混凝土和芯柱同时浇筑。

采取板端留缺口的办法,可以使楼盖预制板一次安装完毕,不必设现浇板带,减少现浇量。但必须对楼板的布置方案进行认真的设计研究,以保证施工安全和顺利地进行。

(2) 布板设计应注意以下几点:

1) 要保证楼板必要的支承面和支承长度,确保楼板安装安全。

2) 要不至于出现过多的板型（缺口位置不同，板型应另行标注）。

4-32 如何检查芯柱混凝土的质量？

芯柱施工中，应设专人检查混凝土的灌入量，认可后方可继续施工。此外，还可用锤击法敲击该芯柱小砌块表面，听其声音鉴别混凝土是否浇灌密实。必要时，可用超声法检测。

芯柱混凝土强度的检测，按分项工程的每一检验批至少检查一次的要求制作试块（每组三块），按规定进行养护和试压。

4-33 造成芯柱截面削弱的因素有哪几个方面？

芯柱设置是混凝土小型空心砌块砌体的一项重要的构造措施。芯柱对提高混凝土小型空心砌块砌体的整体刚度和抗震性能有着重要的作用。

（1）混凝土小型空心砌块由于生产工艺的要求，其壁和肋的厚度并不是一致的，壁厚一般为30～50mm，肋厚一般为25～30mm。因此，构成芯柱的空腔面积也就不等，最小截面为120mm×120mm。芯柱通长可以说是一个四棱台的连接体，并不是一个等截面的柱体。小砌块在生产中，由于芯模结合不严，可能会使底部水泥砂浆流出，硬化后形成突出小砌块空腔内壁的片状突出物，类似于普通混凝土预制板生产时的底部"飞边"，这就使原本已很小的砌块内空腔的最小断面处再度减少面积。如果这些有"飞边"的小砌块应用于芯柱部位而不清除的话，那么，就会使芯柱截面受到削弱，形成薄弱截面，影响芯柱作用的发挥。

（2）可能造成芯柱截面削弱的另一种情况是：由于芯柱截面小，芯柱成型的砌块内腔壁不平整，有台阶存在，混凝土浇灌时，如坍落度、配合比等不合适，容易造成芯柱不密实部位，甚至出现断柱现象，这是一种严重削弱截面的情况。

（3）芯柱截面削弱的还有一种情况是：在预制楼盖处，如果预制板端不处理或处理不合适或安装位置不当，也会造成芯柱截面削弱。

不论在何处削弱芯柱截面，都会影响混凝土小型空心砌块砌体的整体刚度和抗震性能，所以，施工中应予以注意，不得削弱。

4-34 小砌块砌体水平灰缝的砂浆饱满度有何规定？如何保证？怎样检查？

国家标准《砌体结构工程施工质量验收规范》GB 50203—2011第6.2.2条规定："砌体水平灰缝和竖向缝的砂浆饱满度，应按净面积计算，不得低于90%。"可以看出，小砌块砌体施工时对灰缝砂浆饱满度的要求严于砖砌体的规定。原因有三，一是由于小砌块壁较薄肋较窄，应提出更高的要求；二是砂浆饱满度对砌体强度及墙体整体性影响较大，其中抗剪强度较低又是小砌块砌体的一个弱点；三是考虑了建筑物使用功能（如防渗漏）的需要。

计算结果表明，如以壁厚30mm，肋厚25mm的390mm×190mm×190mm的单排孔标准块为例，上下皮小砌块壁、肋重合的理论面积仅为小砌块壁、肋面积的82.4%。因此，为保证砌体水平灰缝饱满度，应采取如下措施：

（1）小砌块砌体砌筑时，竖缝凹槽部位应用砌筑砂浆填实，不得出瞎缝、透明缝。

（2）要配制既能满足强度等级要求，又要具有良好施工性能的砌筑砂浆。

（3）精心施工，加强质量检查。

（4）检查水平灰缝的砂浆饱满度时，应按上下皮小砌块搭砌的实际净面积作为有效面积，再测量砂浆粘结面积，确定砂浆饱满度。小砌块搭砌的实际净面积计算可参照图4-8进行。

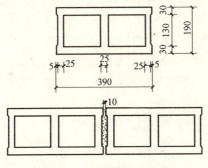

图 4-8 小砌块搭砌位置图

小砌块壁、肋总面积 A：
$$A=2\times30\times390+3\times25\times130=33150\text{mm}^2$$

上下皮小砌块搭砌后重叠的净面积 A_0：
$$A_0=2\times30\times390+25\times130+2\times(12.5-5-5)\times130=27300\text{mm}^2$$

检查小砌块水平灰缝的砂浆饱满度时，可制作专用砂浆饱满度测量网量测砂浆实际粘结面积，再除以小砌块搭砌后的重叠净面积 A_0 即得到水平灰缝的砂浆饱满度值。

4-35 影响混凝土小型空心砌块砌体质量的因素有哪些?

影响混凝土空心砌块砌体质量的因素如下：

1. 空心砌块砌体对裂缝敏感性强

由于砌体的空心率高且壁肋较窄，使砌块与水平灰缝中砂浆的接触面积较小；同时因砌体高度较大，砌筑时竖缝砂浆的饱满度也较难保证。这些都会影响砌体的整体性。所以虽然混凝土空心砌块砌体的抗压强度较高，约为同强度等级普通砖砌体强度的 1.3~1.5 倍，但其抗剪强度却仅为砖砌体的 55%~58%。因而在湿度及温度变化所产生的应力作用下，比普通砖砌体更易出现裂缝。

2. 收缩裂缝

混凝土砌块从产生到砌筑，直至建筑物使用，总体上是处于一个逐渐失水的过程。而砌块的干缩率很大。随着含水率的减少，砌块的体积将显著缩小，从而造成砌体的收缩裂缝。

3. 温度变形裂缝

混凝土砌块砌体的温度线膨胀系数约为普通砖的两倍，因此，砌块建筑物的温度胀缩变形及应力，比普通砖砌建筑物要大得多。

4-36 采取哪些措施可以防止混凝土小型空心砌块墙体裂缝问题？

混凝土小型空心砌块（简称砌块）建筑最主要的问题之一是墙面裂开。为防止裂缝产生，应采取以下控制措施：

（1）必须限制砌块上墙时的含水率。砌块因失去水分而收缩是墙体产生裂缝的主要原因。如果这种裂缝是能见的（如清水砌块墙），那么就必须使用符合含水量要求的砌块。砌块收缩大小取决于骨料种类，养护方法和当地的空气相对湿度大小。普通混凝土小型空心砌块的收缩比轻骨料混凝土小型空心砌块小，高压养护者比低压养护小，潮湿地区比干燥地区的砌块收缩小。但是在实践中较难测定砌块的潜在收缩可能，因此各国根据地区平均相对湿度控制运到施工现场或使用地点的砌块最大相对含水率。具体措施是砌块在生产厂中必须经充分养护，并使其含水率与空气湿度达到平衡后方能出厂，出厂前应用塑料膜加以包裹以防到达工地后遭雨淋而增加含水率。

（2）用配筋方法增加墙体的收缩，应力可以由配置在墙体灰缝内的水平钢丝网来承受，避免墙体开裂。水平钢丝网有多种形式，它是由两根以上的纵向连接筋，隔一定距离焊以横向短筋而成。水平钢丝网的放置和垂直间距（即墙体高度方向的间距）可参考如下：

咬槎砌筑的大面墙：由墙顶往下第一皮；以下各相间两皮。

咬槎砌筑的墙上带门窗洞：由墙顶往下第一、二皮，门窗洞以下的第一皮，窗台以下第一皮内均须有钢丝网，其余地方可相间两皮。

直槎砌筑的大面墙：墙顶往下一、二、三皮内需有钢丝网，其他地方相间两皮。

地下室墙：墙顶往下第一皮，窗洞以下五皮内均需有钢丝网。

基础墙：墙高度的 1/3～1/2 内每皮需要设钢筋网。

（3）设置控制缝。控制缝用来调节砌块墙的水平变形；一般系垂直设置于收缩裂缝最容易产生的地方。如墙高和墙厚的突变地方，如落水管和垃圾管道凹槽，有扶壁或立柱处；直对基础、屋顶和地板的伸缩缝处；墙身呈 L 形、T 形和 U 形的转角处。

所有门窗洞的一侧或两侧。窗台以下的控制缝可以设在开孔延长线上，但门窗上面的控制缝必须躲开过梁缝。

4-37 采取哪些措施可有效防止混凝土小型空心砌块墙体渗漏问题？

为防止用混凝土小型空心砌块砌筑（简称砌块）的墙体发生渗漏，可采用以下措施：

（1）应使用砌块专用的砌筑砂浆，决不能使用砌砖的砂浆。

（2）在砌筑砌块时应保证全部灰缝必须填满砂浆，应做墙体的勾缝处理，以提高竖直灰缝的饱满度。

（3）盲孔砌块在施工时采用反砌法，既盲孔面朝上，以保证水平灰缝的饱满度。

（4）砌块砌筑的外墙的基层粉刷，应采用掺加高效外加剂的混合砂浆，以提高其抗渗性。

4-38 混凝土小型空心砌块砌体工程质量验收主控项目的内容有哪些？

混凝土小型空心砌块砌体工程主控项目的内容有 4 条：

(1) 小砌块和芯柱混凝土、砌筑砂浆的强度等级必须符合设计要求。

抽检数量：每一生产厂家，每1万块小砌块至少抽检一组。用于多层以上建筑基础和底层的小砌块抽检数量不少于2组。砂浆试块的抽检数量执行《砌体结构工程施工质量验收规范》(GB 50203—2011)第4.0.12条的有关规定。

检验方法：检查小砌块和芯柱混凝土、砌筑砂浆试块试验报告。

(2) 砌体水平灰缝和竖向灰缝的砂浆饱满度，按净面积计算不得低于90%。

抽检数量：每检验批不少于3处。

检验方法：用专用百格网检测小砌块与砂浆粘结痕迹，每处检测3块小砌块，取其平均值。

(3) 墙砌体转角处和纵横墙交接处应同时砌筑。临时间断处应砌成斜槎，斜槎水平投影长度不应小于斜槎高度。

抽检数量：每检验批抽查不应少于5处。

检验方法：观察检查。

(4) 小砌块砌体的芯柱在楼盖处应贯通。砌体的轴线偏移和垂直度偏差应按表4-3的规定执行。

混凝土小型空心砌块砌体的轴线偏移及垂直度允许偏差

表 4-3

项次	项 目			允许偏差(mm)	检 验 方 法
1	轴线位置偏移			10	用经纬仪和尺检查或用其他测量仪器检查
2	垂直度	每层		5	用2m托线板检查
		全高	≤10m	10	用经纬仪、吊线和尺检查，或用其他测量仪器检查
			>10m	20	

抽检数量：轴线查全部承重墙柱；外墙垂直度全高查阳角，不应少于4处，每层每20m查一处；内墙按有代表性的自然间

抽 10%，但不应少于 3 间，每间不应少于 2 处，柱不少于 5 根。

4-39 混凝土小型空心砌块砌体工程质量验收一般项目的内容有哪些？

混凝土小型空心砌块砌体工程一般项目的内容有 2 条：

(1) 墙体的水平灰缝厚度和竖向灰缝宽度宜为 10mm，但不应大于 12mm，也不应小于 8mm。

抽检数量：每层楼的检测点不应少于 3 处。

检验方法：用尺量 5 皮小砌块砌体的高度和 2m 砌体长度折算。

(2) 小砌块墙体的一般尺寸允许偏差应按表 4-4 规定执行。

混凝土小型空心砌块砌体一般尺寸允许偏差　　　表 4-4

项次	项目		允许偏差 (mm)	检验方法	抽检数量
1	轴线位移		10	用经纬仪和尺或用其他测量仪器检查	承重墙、柱全数检查
2	基础、墙、柱顶面标高		±15	用水准仪和尺检查	不应少于 5 处
3	墙面垂直度	每层	5	用 2m 托线板检查	不应少于 5 处
		全高 ≤10m	10	用经纬仪、吊线和尺或用其他测量仪器检查	外墙全部阳角
		全高 >10m	20		
4	表面平整度	清水墙、柱	5	用 2m 靠尺和楔形塞尺检查	不应少于 5 处
		混水墙、柱	8		
5	水平灰缝平直度	清水墙	7	拉 5m 线和尺检查	不应少于 5 处
		混水墙	10		
6	门窗洞口高、宽（后塞口）		±10	用尺检查	不应少于 5 处

续表

项次	项 目	允许偏差(mm)	检验方法	抽检数量
7	外墙上下窗口偏移	20	以底层窗口为准,用经纬仪或吊线检查	不应少于5处
8	清水墙游丁走缝	20	以每层第一皮砖为准,用吊线和尺检查	不应少于5处

注:此表也适用于砖砌体。

五、石砌体砌筑工程

5-1 石砌体所用石材有哪些?各自用于哪些砌体中?

砌筑用石分为毛石、料石两种。

毛石又分为乱毛石和平毛石两种。乱毛石是指形状不规则的石块;平毛石是指形状不规则,但有两个平面大致平行的石块。

料石按加工后的表面平整度分为细料石、半细料石、粗料石和毛粗石(块石)四种。

毛石多用于基础、围墙、护坡等砌体中;料石多用于墙身、墙角、拱碹等砌体中。

5-2 石砌体有哪些特点?

石砌体具有强度高、防潮、耐磨性强,耐风化腐蚀性强,就地取材,造价低廉等特点,是一种良好的天然建筑材料。

对于地震烈度在7度以上地区、有震动荷载的建筑以及地基有可能产生较大沉降的建筑物,不宜采用毛石砌筑。

5-3 石砌体砌筑时应做哪些准备工作?

石砌体砌筑时应做的准备工作包括材料准备、施工机具准备、施工设备准备和施工现场准备。

5-4 材料准备时应注意哪些方面？

选择石料时，应根据砌筑基础还是墙体来定，当用做清水墙和柱表面时，石材色泽应均匀；当用做挡土墙时，石材强度应达到 MU30，石料应符合设计要求，表面无裂纹、夹层、剥落、污染、杂质等情况，厚度一般不小于 200mm。当用做基础砌筑时，石料必须坚实未经风化且强度等级应达到 MU10 以上，石料应有上下两个大致平行的面，其厚度不小于 150mm，长度不超过厚度的 3 倍，宽度不超过厚度的 2 倍。毛石最小也不得小于 150mm。石料在砌筑前应用水冲洗干净，剔除风化石料。

5-5 石砌体施工时应准备哪些机具和施工设备？

石砌体施工应准备的机具有大铲、瓦刀、手锤、手凿、线坠、角尺、水平尺、皮数杆、灰槽、勾缝条、手推胶轮车和磅秤等。

施工设备应有砂浆搅拌机、筛砂机和淋灰机等。

5-6 石砌体砌筑时，施工现场应做哪些准备工作？

（1）砌筑前，应清除石块表面的泥垢、水锈等污物杂质，必要时用水清洗。

（2）根据图纸要求，做好测量放线工作，设置水准基点桩和立好皮数杆。有坡度要求的砌体，立好坡度门架。

（3）基础清扫后，按施工图在基础上弹好轴线、边线、门窗洞口和其他尺寸位置线，并复核标高。

（4）毛石应按需要数量堆放于砌筑工作面附近；料石应按规格和数量在砌筑前组织人员集中加工，按不同规格分类码放，以备使用。

(5) 砌筑砂浆应根据设计要求和现场实际材料情况，由实验室通过试验确定配合比。

(6) 选择好施工机械，包括垂直运输、水平运输、砌体砌筑和料石安装等小型机械，尽量减轻人工搬运的笨重体力劳动。

5-7 石砌体施工时的工艺流程有哪些？

5-8 如何砌筑石砌体？应注意些什么？

(1) 砌筑前应将基础或垫层表面清扫干净，洒水湿润。料石砌筑前，还应对弹好的墨线进行检查，墙身尺寸、位置是否符合设计要求。根据进场的料石规格、颜色进行试排摆底，确定组砌方法。

(2) 料石砌筑时应上下错缝，内外搭砌。基础第一皮料石应采用丁砌法，坐浆、大面向下砌筑，砌筑阶梯形料石基础时，上级阶梯的料石应至少压砌下级阶梯的 1/3。

(3) 料石墙长度超过有关规定时，应按设计要求设置伸缩缝。在分段砌筑料石墙体时，各段砌筑高差不得超过 1.2m。

(4) 料石砌体的水平灰缝厚度，应按料石的种类不同来确定，粗料石砌体灰缝不宜大于 20mm，半细料石砌体灰缝不宜大于 10mm，细料石砌体灰缝不宜大于 5mm。砂浆铺设厚度应略高于规定灰缝厚度，粗料石宜高出 6～8mm，细料石和半细料石宜高出 3～5mm。

(5) 当砌体厚度不小于两块料石宽度时，若同皮内全部采用顺砌，则每砌两皮后，应砌一皮丁砌层；若同皮内采用丁顺组砌，则丁砌石应交错均匀设置，其间距不应大于 2m。

（6）在料石和毛石组砌，或与砖组砌墙体时，料石砌体和毛石砌体或砖砌体应同时砌筑，且每隔 2～3 皮料石用丁砌法与毛石砌体或砖砌体拉结砌筑，丁砌料石的长度应与组合墙厚度相同。

（7）用整块料石作窗台时，两端应伸入墙身至少 100mm。

5-9 石基础有哪些种类？各自构造要求是什么？

1. 石基础种类

按材料不同分为毛石基础和料石基础；

按断面形状不同分为矩形、阶梯形和梯形；

按构造不同分为条形基础和独立基础。

2. 石基础的构造要求

（1）毛石基础顶面宽度应比基础墙底面宽度大 200mm，即每边宽出 100mm；阶梯基础每阶高度不小于 300mm，每阶至少砌二皮毛石，每阶挑出宽度不大于 200mm。相邻阶梯的毛石应相互错缝搭接，上级阶梯的石块应压砌下级阶梯的 1/2，如图 5-1 所示。

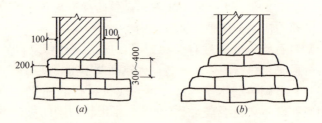

图 5-1　毛石基础
(a) 阶梯形；(b) 梯形

（2）料石基础的断面一般为阶梯形，第一皮用丁砌，第二皮为顺砌，上下皮竖缝相互错开 1/4 石长，每阶挑出宽度不大于 200mm，如图 5-2 所示。

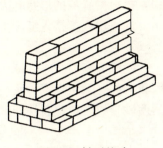

图 5-2 料石基础

5-10 石基础施工时应注意哪些事项?

石基础施工时应注意以下几点:

(1) 基础砌筑时,应先检查基底的尺寸和标高,清除杂物。放出基础轴线及边线,立好皮数杆,标明退台高度及分层砌石高度。皮数杆之间要拉上准线。

(2) 砌梯形基础,还应定出立线和卧线,立线控制基础的宽度,卧线控制每层高度及平整,并逐层向上移动,如图 5-3 所示。

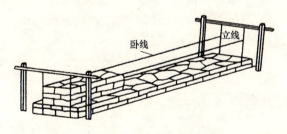

图 5-3 立线与卧线

(3) 基础的砌筑要用坐浆法。石块大面朝下。角石应选用比较方正的石块,角石砌好后,再砌里、外面的石块,最后砌填中间部分。中间部分的石块应交错放置,尽量使石块间隙最小,然后将砂浆填在空隙中，再根据缝隙的形状和大小选用合适的小石块放入，用小锤冲击，使石块全部挤入缝隙中。禁止采用先放石块后灌浆的方法。

（4）毛石基础的灰缝厚度宜为20～30mm，石块间不得有相互接触现象。石块间较大的空隙应填塞砂浆后用碎石块嵌实，不得采用先摆碎石块后塞砂浆或干填碎石块的方法。砂浆饱满度不应小于80%。

（5）毛石基础的扩大部分，如做成阶梯形，上级阶梯的石块应至少压下级阶梯的1/2，相邻阶梯的毛石应相互错缝搭砌。

（6）毛石基础的最上一皮石块，宜选用较大的毛石砌筑。基础的第一层及转角处、交接处和洞口处，应选用较大的毛石砌筑。

（7）毛石基础必须设置拉结石。拉结石应均匀分布，相互错开，毛石基础每隔2m左右设置一块，拉结石的长度，如基础宽度小于400mm，应与宽度相等；如基础宽度大于400mm，可用两块拉结石内外反搭接，搭接长度不应小于150mm，且其中一块长度不应小于基础宽度的2/3。

（8）有高低台的基础，应从低处砌筑，并由高处向低处搭接。当设计无要求时，搭接长度不应小于基础扩大部分的高度。毛石基础的转角处及交接处应同时砌筑，对不能同时砌筑而又必须留置的临时间断处，应砌成踏步槎。

（9）毛石基础每日砌筑高度应不超过1.2m。

5-11 砌筑毛石墙应注意什么？

毛石墙砌筑应注意以下几点：
（1）毛石墙砌筑前，应根据墙的位置及厚度，在基础顶面上放线，并立皮数杆，拉上准线。
（2）毛石砌体所用的毛石应呈块状，其中部厚度不宜小于150mm。在转角处，应采用有直角边的石料，将其直角边砌在墙角一面，根据长短形状横搭接砌入墙内，如图5-4（a）所示。在丁字接头处，要选取较为平整的长方形石块，长短纵横砌入墙内，使其在纵横墙中，上下皮能相互咬槎，如图5-4（b）所示。

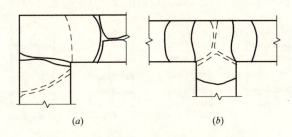

图5-4 纵横墙砌法
（a）毛石墙转角；（b）毛石墙纵横墙丁字接头

（3）毛石墙的第一皮及最上一皮石块应选用较大毛石砌筑，第一皮大面向下，最后一皮大面向上。使用石料大小应搭配，大面平放，外露表面要平齐，斜块朝内，逐块坐浆，先砌转角、交接处和门洞处，再向中间砌筑。

（4）砌筑时应内外搭砌，上下皮相互错缝，避免出现重缝、干缝、空缝、空洞以及刀口型、劈合型、桥型、马槽型、夹心型、对合型、分层型等不合理砌石类型，如图5-5所示。

（5）毛石墙每皮高度应控制在250～350mm，砌筑时如毛石的形状和大小不一，难以每皮砌平，也可采取不分皮砌法，每隔一定主高度大体砌平如图5-6所示。

（6）毛石砌体的灰缝厚度宜为20～30mm，石块间不得有相互接触现象。石块间较大的空隙应先填塞砂浆后用碎石块嵌实，不得采用先摆石块后塞砂浆或预填碎石的方法。砂浆的饱满度应大于80%。

（7）毛石与砖组合墙中，毛石墙与砖墙应同时砌筑，每隔4～6皮砖用2～3皮砖与毛石墙拉结砌合，墙间缝隙应用砂浆填满，如图5-7所示。

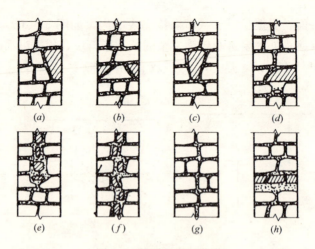

图 5-5 错误的砌石类型
(a)、(b) 刀口型;(c) 劈合型;(d) 桥型;(e) 马槽型;
(f) 夹心型;(g) 对合型;(h) 分层型

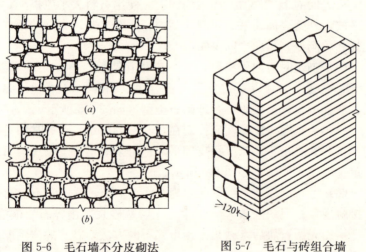

图 5-6 毛石墙不分皮砌法
(a) 不分皮;(b) 大体分皮

图 5-7 毛石与砖组合墙

(8) 毛石与砖墙相接的转角处和丁字交接处应同时砌筑。在转角处或丁字交接处,应自纵墙每隔 4~6 皮砖引出不小于

130

120mm 的阳槎与横墙相接，如图 5-8、图 5-9 所示。

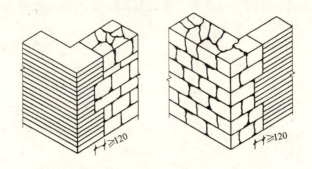

图 5-8　转角处毛石墙与砖墙相接

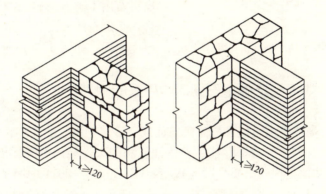

图 5-9　丁字交接处毛石墙与砖墙相接

5-12　料石墙体砌筑时应注意什么？

料石墙砌筑时应注意以下几点：

（1）砌筑料石墙前，应在基础顶面放出墙体中心线和边线，以及门窗洞口位置线，抄平，立皮数杆，拉准线。料石墙应双面拉线砌筑，全顺叠砌可单面拉线砌筑。

（2）砌筑前必须按组砌图将料石试排妥当后，方可砌筑。

(3) 料石墙应先从转角处和交接处开始砌筑,后砌中间部分,料石墙每日砌筑高度不宜超过1.2m,临时间断处应留斜槎,斜槎长度应大于高度。

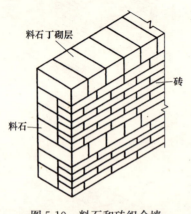

图 5-10　料石和砖组合墙

(4) 料石墙采用铺浆法砌筑,厚度略高于规定灰缝厚度。

(5) 第一皮应丁砌,每一楼层的最上一皮也应用丁砌法砌筑。

(6) 料石墙与砖墙组砌时,应同时砌筑,每隔2~3皮料石用丁砌石与砖墙拉结砌合,丁砌石的长度宜与组合墙厚度相同,如图5-10所示。

5-13　如何检查确定石砌体中砂浆的饱满度?

石砌体是由石块和砂浆砌筑而成,砂浆饱满度的大小,将直接影响石砌体的力学性能、整体性能和耐久性能的好坏。因此,《砌体结构工程施工质量验收规范》GB 50203—2011中第7.2.2条明确规定"砂浆饱满度不应小于80%"。由于毛石形状不规则,棱角多,不宜采用砖砌体中使用的百格网法来检查石砌体的砂浆饱满度。《砌体结构工程施工质量验收规范》GB 50203—2011中7.2.2条规定了石砌体中砂浆饱满度采用"观察检查"的检查方法。抽检数量:每检验批抽查不应少于5处。

5-14　石砌体的勾缝形式有哪几种?

石砌体勾缝形式常见的有平缝、半圆凹缝、平凹缝、平凸缝、半圆凸缝、三角凸缝等，如图 5-11 所示。常用的有平缝和凸缝。

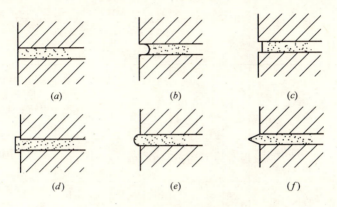

图 5-11 石砌体勾缝形式
(a) 平缝；(b) 半圆凹缝；(c) 平凹缝；(d) 平凸缝；
(e) 半圆凸缝；(f) 三角凸缝

5-15 石砌体的主控项目有哪些？

石砌体主控项目有 3 条：
(1) 石材及砂浆强度等级必须符合设计要求。

抽检数量：同一产地的石材至少抽检一组。砂浆试块的抽检数量执行《砌体结构工程施工质量验收规范》GB 50203—2011 第 4.0.12 条的有关规定。

检验方法：料石检查产品质量证明书，石材、砂浆检查试块试验报告。

(2) 砌体灰缝的砂浆饱满度不应小于 80%。

抽检数量：每检验批抽查不应少于 5 处。

检验方法：观察检查。

(3) 石砌体的尺寸、位置及垂直度允许偏差等，应符合表 5-1 的规定。

石砌体的尺寸、位置及垂直度等允许偏差　　表 5-1

项次	项目		允许偏差(mm)						检验方法
			毛石砌体		料石砌体				
					毛料石		粗料石	细料石	
			基础	墙	基础	墙	基础	墙	墙、柱	
1	轴线位置		20	15	20	15	15	10	10	用经纬仪和尺检查,或用其他测量仪器检查
2	基础和墙砌体顶面标高		±25	±15	±25	±15	±15	±15	±10	用水准仪和尺检查
3	砌体厚度		+30	+20 +10	+30	+20 -10	+15	+10 -5	+10 -5	用尺检查
4	墙面垂直度	每层	—	20	—	20	—	10	7	用经纬仪、吊线和尺检查或用其他测量仪器检查
		全高	—	30	—	30	—	25	10	
5	表面平整度	清水墙、柱	—	—	—	20	—	10	5	细料石用2m靠尺和楔形塞尺检查,其他用两直尺垂直于灰缝拉 2m 线和尺检查
		混水墙、柱	—	—	—	20	—	15	—	
6	清水墙水平灰缝平直度		—	—	—	—	—	10	5	拉 10m 线和尺检查

5-16　石砌体工程质量验收有哪些规定?

（1）石砌体所用的石材应质地坚实,无风化剥落。用于清水墙、柱表面的石材,尚应色泽均匀。

（2）石材表面的泥垢、水锈等杂质,砌筑前应清除干净。

(3) 石砌体的灰缝厚度：毛料石和粗料石砌体不宜大于20mm，细料石砌体不宜大于5mm。

(4) 石砌体应采用铺浆法砌筑。砂浆稠度宜为3~5cm，当气候变化时，应适当调整。

(5) 石砌体的转角处和交接处应同时砌筑。对不能同时砌筑而又必须留置的临时间断处，应砌成斜槎。

(6) 石砌体的尺寸和位置的允许偏差，不应超过有关规定。

六、填充墙砌体工程

6-1 填充墙是如何界定的？

一般来说，填充墙砌体是指框架结构或框剪结构中起围护、分隔作用的砌体，它不承担和传递上部结构的荷载。

填充墙砌体是非结构构件。根据填充墙砌体的含义，界定填充墙砌体首先要看砌体所处的部位是否处于已完结构构件之间；其次应根据其是否承受其他构件传来的荷载来确定。一般情况下，在相应单元的主体结构施工完成后砌筑的墙体属于填充墙的范围。

6-2 填充墙砌体目前有哪些常用材料？

填充墙砌体常用材料有：加气混凝土砌块、普通混凝土空心砌块、石膏砌块、轻骨料混凝土空心砌块（含水泥炉渣砌块、陶粒混凝土砌块）、粉煤灰硅酸盐砌块、空心砖、非黏土砖（含蒸压灰砂砖、粉煤灰砖）、烧结多孔砖、黏土砖。

其中黏土砖因自重大，且浪费土地资源，在高层建筑中一般不用，但在一些多层框架结构中局部还有使用。

6-3 填充墙砌体所用块材进施工现场后应如何管理？

(1) 块材运输、装卸过程中不能抛掷和倾倒，以防碰碎。

(2) 进场后应按品种、规格分别堆放整齐，堆置高度不宜超过 2m。

(3) 加气混凝土砌块吸湿性相对较大，应防止雨淋。

6-4 填充墙砌体所用块材砌筑前浇水有什么要求？

（1）普通混凝土小砌块在天气干燥炎热的情况下，可提前洒水湿润。普通混凝土小砌块具有饱和吸水率低和吸水速度迟缓的特点，一般情况下砌墙时可不浇水。

（2）烧结普通砖、烧结多孔砖、蒸压灰砂砖、粉煤灰砖，应提前1~2d浇水湿润。烧结普通砖、多孔砖含水率宜为10%~15%，灰砂砖、粉煤灰砖含水率宜为8%~12%。适宜的含水率可提高砖与砂浆的粘结力，提高砌体的抗剪强度，也可使砂浆强度正常增长，提高砌体的抗压强度。

（3）空心砖、蒸压加气混凝土砌块、轻骨料混凝土小砌块，应提前2d浇水湿润。空心砖的合适含水率宜为10%~15%，轻骨料混凝土小砌块宜为5%~8%，加气混凝土砌块宜控制在小于15%。蒸压加气混凝土砌块砌筑时，为保证砌筑砂浆的强度及砌体的整体性还应向砌筑面适量浇水。

6-5 填充墙砌体的施工工艺流程是什么？

填充墙砌体的施工工艺流程如图6-1所示。

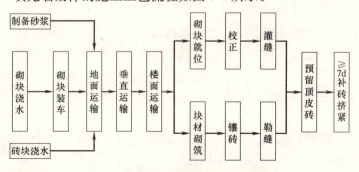

图6-1 填充墙砌体的施工工艺流程

6-6 填充墙砌体与主体砌体的施工工艺有何区别？

由于填充墙砌体和主体砌体这两类墙体主要作用的不同，就决定了其施工工艺的区别。主要区别在于主体砌体在其结构单元中是最早施工的部分，而填充墙砌体是在其结构单元中最后施工的部分。主体砌体与所在单元中的柱梁紧密连接成一个整体；而填充墙砌体与所在单元中的柱、梁采用柔性连接。另外在使用材料方面也有明显区别。一般情况下，主体砌体所用材料一般强度高而密度大；而填充墙砌体所用材料一般密度小而强度低。

6-7 填充墙砌体为什么应按设计排列图施工？

填充墙砌体通常使用轻质但体型较大的块材，由于受几何尺寸和门窗洞口及预留洞口的限制，现场组砌不够灵活，为便于施工，保证质量和尽可能减少砌块材料的浪费并力求块材砌体规整，在一般情况下，由施工部门根据工程的具体要求和施工条件绘制砌块排列图，然后按图施工。

砌块砌筑时，应遵守以下原则：
(1) 尽量采用主规格砌块；
(2) 砌块应错缝搭砌；
(3) 纵横墙交接处，应交错搭砌；
(4) 必须镶砖时，砖应分散布置。

砌筑砌体前，必须根据砌块尺寸和灰缝厚度及洞口的位置尺寸计算皮数和排数，以保证砌体尺寸符合设计要求。

6-8 填充墙砌体施工时是否需要设置皮数杆？为什么？

需要设置皮数杆。填充墙砌体施工设置皮数杆是因为要考虑灰缝厚度的规定，拉结钢筋（网片）的位置、门窗洞口尺寸、填充墙总高度等几个方面的因素。填充墙水平灰缝的厚度，针对不同种类的砌块在《砌体结构工程施工质量验收规范》GB 50203—2011中分别做了规定，在施工中应严格控制，满足质量验收的要求。填充墙在工程结构中主要起外围护和分隔空间的作用，施工是在框架主体完成之后，与主体结构的连接是通过其两端与柱或承重墙的拉结钢筋（网片）来实现。要保证连接牢固，就必须做到填充墙水平灰缝与拉结钢筋（网片）位置一致，避免拉结钢筋（网片）伸入填充墙灰缝时产生弯曲，影响拉结的牢固程度。门窗洞口的预留，其尺寸标高应与砌块的模数相协调。若稍有不合适，可通过填充墙施工时控制水平灰缝的厚度来调整。填充墙施工接近梁底（板底）时，按照施工质量验收规范的要求，最后一皮砌块应补砌挤紧。为保证补砌挤紧的质量，应根据砌块的几何尺寸，给最后一皮砌块留出合适的空间高度。过大或过小，都不易补砌挤紧，使填充墙顶部形成自由端，而影响到填充墙与框架主体的连接质量。因此填充墙施工前要事先编制好填充墙的组砌施工方案，确定填充墙砌体的水平灰缝厚度，拉结筋或拉结网片应与填充墙水平灰缝相一致，将每皮砌块的高度、门窗洞口的尺寸以及最后一皮砌块的预留高度准确地刻划在皮数杆上，严格按皮数杆上所示尺寸和砌体规范进行填充墙砌体施工，才能保证填充墙的整体质量和门窗洞口的预留准确。所以填充墙砌体施工时，必须设置皮数杆。

6-9 填充墙砌体的轴线尺寸控制的标准是什么？

从填充墙砌体的非结构受力特点出发，将轴线位移和垂直度允许偏差纳入一般项目验收。

填充墙砌体轴线位移允许偏差为10mm。抽检时，在检验批的标准间中随机抽查10%，但不应少于3间；大面积房间和楼道按两个轴线或每10延长米按一标准间计数，每间检验不应少于3处。

6-10 填充墙砌体的砌筑砂浆种类和强度等级由谁确定？

填充墙砌体的砂浆种类和强度等级应由结构设计人员来确定。因为结构设计人员要根据所设计结构体系的实际情况，结合相应专业设计规范的规定以及构造要求综合考虑才能确定。其等级系列为：M10、M7.5、M5、M2.5，但对有抗震要求的小砌块的强度等级不应低于 MU5，砌筑砂浆强度等级不应低于 M5。

6-11 填充墙砌体施工时每日的砌筑高度有什么要求？

填充墙砌体的砌筑高度根据所用材料的不同可以适当调整，一般情况下，填充墙砌体每日施工高度不宜超过一步架。单元填充墙砌体的总高度不宜超过 4m。

6-12 填充墙砌体在构造上有什么要求？

参考建筑抗震设计规范中，对填充墙砌体宜与柱脱开或采用柔性连接，并应符合下列要求：
（1）填充墙在平面和竖向的布置，宜均匀对称，且避免形成薄弱层或短柱。
（2）砌体的砂浆强度等级不宜低于 M5，墙顶应与框架梁密切结合。
（3）填充墙应沿框架柱全高每隔 500mm 设 2φ6 拉结筋，拉结筋伸入墙内的长度：6、7 度时，不应小于墙长的 1/5 且不小于 700mm；8、9 度时宜沿全长贯通。
（4）墙长大于 5m 时，墙顶与梁宜有拉结，当墙长超过层高 2 倍时，宜设置钢筋混凝土构造柱。墙高超过 4m 时，墙体半高处宜设置与柱连接且沿墙全长贯通的钢筋混凝土水平系梁。

6-13 砌筑填充墙砌体的门、窗洞口处有什么要求？

(1) 填充墙房屋局部尺寸限值见表 6-1 所列。

填充墙局部尺寸限值　　　　　表 6-1

抗震烈度	6度	7度	8度
非承重外墙近端至门窗洞口边的最小距离(m)	1.0	1.0	1.0
内墙阳角至门窗洞边的最小距离(m)	1.0	1.0	1.5

(2) 宽度大于 600mm 的窗洞口，为防止窗下角出现裂缝，可在窗台板下一皮砌体灰缝设置加强钢筋，或在窗台上加钢筋混凝土压顶。

(3) 门窗框的固定必须牢靠，每边固定点不得少于三处，大于 2m 高的洞口，每边固定点应为 4 处。

(4) 门窗边的固定点可用 C20 混凝土实心块，或内嵌防腐木砖的混凝土块，或其他强度较高的块材（如普通砖等）。

6-14 填充墙砌体施工对脚手架的搭设有什么要求？

一般情况下，填充墙砌体施工是在相应结构单元承重结构完成后进行。此时，由于砌体材料在楼面上运输和摆放比较方便，因而使用里脚手架施工比较适宜，也有利于安全防护。填充墙砌筑时，脚手架既不宜直接搭设在墙体上，也不宜留置脚手眼；当需要留设时，要符合设计规范的相应规定。由于填充墙墙体材料一般密度小、强度低，与结构体系连接又相对较弱，墙体的强度和稳定性都较差，因此搭设外脚手架时，其支撑、拉结杆件都不宜直接固定在填充墙上。但对于先砌后浇的黏土砖填充墙，可不做上述要求。

6-15 填充墙砌体施工时对留置脚手眼有什么要求？

填充墙砌体内应尽量不设脚手眼，以减少墙体的收缩裂缝产生。如必须设置时，应采取相应措施。如混凝土空心小型砌块墙体可用 190mm×190mm×190mm 砌块侧砌，利用其孔洞作为脚手眼，砌体完工后，应用 C15 混凝土将脚手眼填实。对加气混凝土砌块外墙，不允许留置脚手眼。

6-16 填充墙砌体拉结筋与主体连接有几种方法？

填充墙砌体拉结筋与主体连接常见的有三种方法：预留或预埋法；预设铁件后期连接法；植筋法。

1. 预留或预埋法施工工艺

在主体框架施工时，按照设计图纸所示填充墙平面布置尺寸，根据规范设计要求，规划好填充墙的施工方案，确定出拉结筋的数量、长度、位置。施工时将拉结钢筋的一端伸入主体，与主体内的钢筋绑扎固定，另一端通过主体模板预留孔伸出或预埋在主体构件的表面。待砌填充墙时直接将拉结筋压入砌体中，起到填充墙与主体的连接作用。

2. 预设铁件后期连接法施工工艺

在主体框架施工时，根据设计要求在填充墙设置拉结筋的位置，预埋铁件于主体框架的混凝土中，铁件的尺寸面积应满足以后焊接拉结筋的要求。在填充墙施工前按设计要求，将符合要求长度、直径的拉结钢筋焊接在铁件上，再进行填充墙砌体的施工。

3. 植筋法施工工艺

在主体框架施工时，不做拉结筋的预留，待主体框架完成后，根据填充墙的平面布置及规范规定确定拉结筋的位置，钻孔打眼到一定深度。再用环氧树脂类胶与砂、水泥按比例拌合成的砂浆将符合要求长度、直径的拉结筋植入孔内，待砂浆达到一定强度后，再进行填充墙施工。植筋法施工拉结筋有以下优点：主体框架施工难度降低，拉结筋位置准确，施工速度快，对主体结构破坏小等，是值得推广的一种施工工艺，但该工艺施工成本相对偏高。

6-17 填充墙砌体施工主要存在哪些质量问题？

填充墙砌体施工主要存在以下质量问题：

（1）填充墙砌体的收缩裂缝问题。

填充墙砌体的收缩裂缝问题是填充墙验收交付使用以后发生最频繁的质量通病，影响了工程的结构耐久性和使用功能，这主要是由于填充墙材料本身的特性及砂浆和易性不均造成的。按规定，砌块产出28d后方可使用。砂浆的和易性良好并不宜太稀。砌筑时最后一皮砌块要待7d以后再补砌挤紧。若是任何一个环节未按规定处理，都会使填充墙砌体产生收缩裂缝。

（2）填充墙最后一皮砌块未补砌挤紧，使梁（板）底产生水平裂缝。填充墙最后一皮砌块补砌挤紧的施工方法较多，有斜砌顶紧、木楔挤紧等，任何一种方法都要求砌砌块时砂浆饱满，使填充墙与梁（板）底充分接触。若施工时，不能按标准要求去做，就会使填充墙与梁（板）底间产生缝隙，形成自由端，不利于填充墙与梁（板）底的连接。

（3）填充墙的拉结筋位置不准确，与砌体水平灰缝不在同一高度，在填充墙施工时，使拉结筋产生弯曲后伸入墙内，起不到应有的拉结作用，易使填充墙两端产生竖向裂缝。另外，由于拉结筋弯曲及预留位置不准确，使拉结筋位移，锚固作用大大降低，不利于填充墙的抗震。

（4）填充墙砌体的混砌问题是一个比较普通的质量问题，由于不同的砌块收缩系数不一致，易使整个填充墙收缩不均匀而产生裂缝。

对填充墙砌体施工中的混砌问题，应在执行规范中注意以下几点：

1) 填充墙砌体中的"混砌"是指在同一面墙体（两相邻承重柱或承重墙间的填充墙）中采用不同材料、不同干密度、不同强度等级的块材混合砌筑的现象。

2) 用轻骨料混凝土小型空心砌块或蒸压加气混凝土砌块砌筑墙体时，在墙底部所砌的高度不小于200mm的其他块材（如烧结普通砖或多孔砖，或普通混凝土小型空心砌块，或现浇混凝土坎台等）不属于混砌。

3) 填充墙与梁、板间预留的空隙，后补砌挤紧所用的其他块材不属于混砌

4) 门、窗洞口处局部镶砌的其他块材不属于混砌。

6-18 什么是蒸压加气混凝土砌块？主要有哪些特点和用途？

加气混凝土砌块是以钙质材料（水泥或石灰）和硅质材料（砂或粉煤灰等）为基本原料，以铝粉为发气剂，经过蒸压养护等工艺制成的一种多孔轻质的新型墙体材料。其体积密度范围为$300 \sim 1000 kg/m^3$，抗压强度为$1.5 \sim 10.0 MPa$。

加气混凝土砌块具有轻质、保温、耐火、抗震、足够的强度和良好的可加工性能，与传统的黏土砖相比，蒸压加气混凝土砌块可以节约土地资源，改善建筑墙体的保温隔热效应，提高建筑节能效果。因此，大力开发和应用蒸压加气混凝土砌块制品可以取得良好的经济效益和社会效益，在建筑中应用非常广泛，具有广阔的发展前景。最普遍的是用于框架结构的填充墙，以及低层建筑的墙体（承重墙和非承重墙），也可与现浇钢筋混凝土密肋组合成平屋面或楼板，有时也可用做吸声材料。如框架结构、现浇混凝土结构建筑的外墙填充、内墙隔断，也可应用于抗震圈梁构造多层建筑的外墙或保温隔热复合墙体，还可用于建筑屋面的

保温和隔热。

6-19 在建筑物的哪些部位不得使用蒸压加气混凝土墙体？

蒸压加气混凝土砌块主要缺点是收缩大、弹性模量低、怕冻害，因此在建筑物的以下部位不得使用蒸压加气混凝土墙体：
(1) 建筑物±0.000以下（地下室的非承重内隔墙除外）；
(2) 长期浸水或经常干湿交替的部位；
(3) 受化学侵蚀的环境，如强酸、强碱或高浓度二氧化碳等；
(4) 砌块表面经常处于80℃以上的高温环境；
(5) 屋面女儿墙墙体。

6-20 蒸压加气混凝土砌块施工要点有哪些？

(1) 加气混凝土砌块的砌筑，必须严格遵守现行国家标准《砌体结构工程施工质量验收规范》GB 50203—2011技术指标要求。

(2) 合理安排好工期，不可盲目赶工。如有可能，应尽量避免在常年雨期期间砌筑。

(3) 砌筑砂浆宜选用粘结性能良好的专用砂浆，其强度等级应不小于M5，砂浆应具有良好的保水性，可在砂浆中掺入无机或有机塑化剂。有条件的应使用专用的加气混凝土砌筑砂浆或干粉砂浆。

(4) 为消除主体结构和围护墙体之间由于温度变化产生的收缩裂缝，砌块与墙柱相接处，须留拉结筋，竖向间距为500~600mm（根据所选用产品的高度规格决定），压埋2Φ6钢筋，两端伸入墙内不小于800mm；另外每砌筑1.5m高时应采用2Φ6通长钢筋拉结，以防止收缩拉裂墙体。

(5) 在跨度或高度较大的墙中设置构造梁柱。一般当墙体长度超过 5m，可在中间设置钢筋混凝土构造柱；当墙体高度超过 3m（≤120mm 厚墙）或 4m（≥180mm 厚墙）时，可在墙高中腰处增设钢筋混凝土腰梁。

(6) 在窗台与窗间墙交接处是应力集中的部位，容易受砌体收缩影响产生裂缝，因此，宜在窗台处设置钢筋混凝土现浇带以抵抗变形。门窗洞口上部的边角处也容易发生裂缝和空鼓，此处宜用圈梁取代过梁。

(7) 加气混凝土外墙墙面水平方向的凹凸部位（如线脚、雨罩、出檐、窗台等），应做泛水和滴水，以避免积水。

(8) 砌筑前按砌块尺寸计算好皮数和排数，检查并修正补齐拉结钢筋。可在墙根部预先浇筑一定高度的与墙体同厚的素混凝土，目前常用的做法是砌两皮红砖，使最上一皮留出大约 20mm 高的空隙，以便采用与原砌块同种材质的实心辅助小砌块斜砌，挤紧顶牢。

(9) 由于不同干密度和强度等级的加气混凝土砌块的性能指标不同，所以不同干密度和强度等级的加气混凝土砌块不应混砌，加气混凝土砌块也不应与其他砖、砌块混砌。

(10) 严格控制好加气混凝土砌块上墙砌筑时的含水率。按有关规范规程规定，加气混凝土砌块施工时的含水率宜小于15%，对于粉煤灰加气混凝土制品宜小于20%。加气混凝土的干燥收缩规律表明，含水率在 10%～30% 之间的收缩值比较小（一般在 0.02～0.1mm/m）。根据经验，施工时加气混凝土砌块的含水率控制在 10%～15% 比较适宜，砌块含水深度以表层 8～10mm 为宜，表层含水深度可通过刀刮或敲下个小边观察规律，按经验判定。通常情况下在砌筑前 24h 浇水，浇水量应根据施工当时的季节和干湿温度情况决定，由表面湿润度控制。禁止直接使用饱含雨水或浇水过量的砌块。

(11) 每日砌筑高度控制在 1.4m 以内，春季施工每日砌筑高度控制在 1.2m 以内，下雨天停止砌筑。砌筑至梁底约

200mm 左右处应静停 7d 后待砌体变形稳定后，再用同种材质的实心辅助小砌块斜砌挤紧顶牢。

（12）砌筑时灰缝要做到横平竖直，上下层十字错缝，转角处应相互咬槎，砂浆要饱满，水平灰缝不大于 15mm，垂直灰缝不大于 20mm，砂浆饱满度要求在 90% 以上，垂直缝宜用内外临时夹板灌缝，砌筑后应立即用原砂浆内外勾灰缝，以保证砂浆的饱满度。

（13）墙体的施工缝处必须砌成斜槎，斜槎长度应不小于高度的 2/3。

（14）墙体砌筑后，做好防雨遮盖，避免雨水直接冲淋墙面；外墙向阳面的墙体，也要做好遮阳处理，避免高温引起砂浆中水分挥发过快，必要时应适当用喷雾器喷水养护。

（15）在砌块墙身与混凝土梁、柱、剪力墙交接处，以及门窗洞边框处和阴角处钉挂 10mm×10mm 网眼大小的钢丝网，每边宽 200mm，网材搭接应平整、连接牢固，搭接长度不小于 100mm。

（16）在墙面上凿槽敷管时，应使用专用工具，不得用斧或瓦刀任意砍凿，管道表面应低于墙面 4~5mm，并将管道与墙体卡牢，不得有松动、反弹现象，然后浇水湿润，填嵌强度等同砌筑所用的砂浆，与墙面补平，并沿管道敷设方向铺 10mm×10mm 钢丝网，其宽度应跨过槽口，每边不小于 50mm，绷紧钉牢。

6-21 加气块砌体门窗洞口处如何处理？

在加气块砌至门窗洞口时，每边应加预制好的带有木砖的混凝土块。洞口高在 2m 以下时每边加三块。超过 2m 时，每边加 4 块。混凝土预制块的厚度和高度应与加气块一致。安装门窗框时用圆钉牢固地钉在木砖上。

若采用先立门窗口的方法砌筑加气块时，在框的两根立边上先均匀地钉上3~4个圆钉（0.1~0.12m），圆钉露出尖就可以。立好口后砌加气块时，应加框的外侧和加气块与木框的连接处抹好粘结砂浆。待砌块高度超过圆钉的位置时，将圆钉楔入砌块中，把粘结砂浆抹平。砌筑前应先把木门窗框的位置放准，放平吊直。

6-22　加气块墙垛与梁板如何连接？

梁板的底部，应预留拉结筋，便于与加气块垛拉结。当梁底未事先留置拉结筋时，先在垛块与梁底接触面涂抹粘结砂浆，用力挤严实，每砌完一块用小木楔（间距约600mm）在砌块上皮紧贴梁底背紧，用粘结砂浆填实，灰缝刮平，或梁底斜砌一排砖，以保证加气块垛顶部稳定、牢固。

6-23　如何砌筑陶粒砌块？

1. 放线

在框架柱间，清扫干净，弹出墙的轴线和门窗洞口位置线及陶粒墙的边线。在柱子上弹出50cm水平控制线。同时把墙身边线吊直弹在柱子上，或用小线挂好主线。

2. 焊拉结筋

在框架柱靠砌墙的一面，剔出柱筋，把拉结筋焊在柱筋上，距离在50cm左右（赶好砌块的灰缝）。拉结筋长度为1cm，端头撅成180°弯钩，并排焊2根。

3. 摆块

在待砌的墙基上干摆一层陶粒砌块，调整好立缝（立缝以2cm为宜）。确定出每层砌的块数和特殊位置处的砌块的尺寸。

4. 砌筑

陶粒砌块砌筑时，应使砌块横平竖直。砂浆一次摊铺不能过长，摆放时上棱要跟线。不能使上棱冒线或亏线，否则水平灰缝的平直就无法控制。立缝应砌十字缝，缝隙以 2cm 为宜，并随砌随把立缝灌满。立缝超过 3cm 时，应用 C20 的细石混凝土灌筑。

高度砌至拉结筋的位置时，把拉结筋放平、放直铺在墙的灰缝中，两端弯钩应向里。

砌门窗洞口时，应砌 4 层黏土砖与陶粒砌块咬好槎。洞口高度在 2m 内时，4 层黏土砖每层侧砖三处（距离排合适），洞口高度超过 2m 时每侧的 4 层黏土砖砌 4 处，中间距离分均。

砌块砌至梁底（或板底）时，应用黏土砖斜砌，与梁底（或板底）顶紧。

遇到砌不足一整块的砌块时，应按摆放的尺寸用砂轮锯切开，保持砌块的整齐。不可用刨锛砍。因为砍出的砌块边缘特别不整齐，造成墙孔洞很多，墙面很不好看。同时用刨锛砍砖，特别容易使砌块损坏。

6-24 陶粒砌块砌体与梁板结合处如何处理？

砌块砌至梁底（或板底）时，应用黏土砖斜砌，上下打满浆与梁底（或板底）顶紧，如图 6-2 所示。

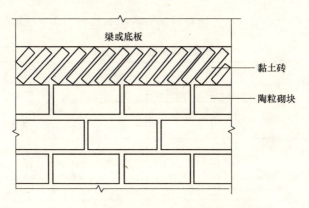

图 6-2 陶粒砌块砌体与梁板结合示意

6-25 填充墙采用蒸压加气混凝土砌块、轻骨料混凝土小型空心砌块砌筑时,质量标准和检验方法有何规定?

1. 一般规定

(1) 蒸压加气混凝土砌块、轻骨料混凝土小型空心砌块,砌筑时,其产品龄期应超过 28d。

(2) 蒸压加气混凝土砌块、轻骨料混凝土小型空心砌块等在运输、装卸过程中,严禁抛掷和倾倒。进场后应按品种、规格分别堆放整齐,堆置高度不宜超过 2m。加气混凝土砌块应防止雨淋。

(3) 两种砌块在砌筑前应提前 2d 浇水湿润。蒸压加气混凝土砌块砌筑时,应向砌筑面适量浇水。

(4) 用蒸压加气混凝土砌块或轻骨料混凝土小型空心砌块砌筑墙体时,墙底部应砌烧结普通砖、或多孔砖、或普通混凝土小型空心砌块、或现浇混凝土坎台等,其高度不宜小于 200mm。

2. 主控项目

砖、砌块和砌筑砂浆的强度等级应符合设计要求。

检验方法:检查砖或砌块的产品合格证书、产品性能检测报告和砂浆试块试验报告。

3. 一般项目

(1) 填充墙砌体一般尺寸的允许偏差应符合表 6-2 的规定。

填充墙砌体一般尺寸允许偏差　　　表 6-2

项次	项 目		允许偏差(mm)	检验方法
1	轴线位移		10	用尺检查
	垂直度	不大于 3m	5	用 2m 托线板或吊线、尺检查
		大于 3m	10	
2	表面平整度		8	用 2m 靠尺和楔形塞尺检查
3	门窗洞口高、宽(后塞口)		±10	用尺检查
4	外墙上、下窗口偏移		20	用经纬仪或吊线检查

(2) 两种砌块砌体不应与其他块材混砌。

检验方法：外观检查。

(3) 填充墙砌体的砂浆饱满度及检验方法应符合表 6-3 的规定。

填充墙砌体的砂浆饱满度及检验方法 表 6-3

砌体分类	灰缝	饱满度及要求	检验方法
空心砖砌体	水平	≥80%	采用百格网检查块材底面砂浆的粘结痕迹面积
	垂直	填满砂浆、不得有透明缝、瞎缝、假缝	
加气混凝土砌块轻骨料混凝土小型砌块砌体	水平	≥80%	
	垂直	≥80%	

(4) 填充墙砌体留置的拉结钢筋或网片的位置应与块体皮数相符合。拉结钢筋或网片应置于灰缝中，埋置长度应符合设计要求，竖向位置偏差不应超过一皮高度。

检验方法：观察和用尺量检查。

(5) 填充墙砌筑时应措缝搭砌，蒸压加气混凝土砌块搭砌长度不应小于砌块长度的 1/3；轻骨料混凝土小型空心砌块搭砌长度不应小于 90mm；竖向通缝不应大于 2 皮。

检验方法：观察和用尺量检查。

(6) 填充墙砌体的灰缝厚度和宽度应正确。空心砖、轻骨料混凝土小型空心砌块的砌体，灰缝应为 8~12mm；蒸压加气混凝土砌块砌体的水平灰缝厚度及竖向灰缝宽度分别宜为 15mm 和 12mm。

检验方法：用尺量与一皮空心砖或小砌块高度和 2m 砌体长度折算。

(7) 填充墙砌至接近梁、板底时，应留一定缝隙，待填充墙砌筑完间隔 7d 后，再将其补砌挤紧。

检验方法：观察检查。

七、配筋砌体工程

7-1 何为配筋砌体？它有哪些种类？

配筋砌体是为了提高砌体结构的强度和整体性，减小构件截面尺寸，在砌体灰缝中设置钢筋或钢筋混凝土的砌体。

配筋砌体按照配筋情况又分为网状配筋砌体、组合砖砌体和配筋混凝土砌块砌体三类。

7-2 什么是网状配筋砌体？一般用做哪些部位？

网状配筋砌体又称横向配筋砌体，是在砖墙或砖柱中，每隔几皮砖在其水平灰缝中配置方格网式钢筋网片或连弯式钢筋网片，钢筋网片的钢筋直径分别在 $\phi3 \sim \phi4$ 或 $\phi6 \sim \phi8$ 之间，如图7-1所示。

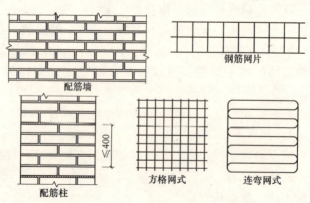

图 7-1 网状配筋砖墙和砖柱

网状配筋在砌体受压时，可约束砌体横向变形，从而提高砌体的抗压强度。一般用做轴心受压或偏心受压的墙或柱上。

7-3 配筋砌体中钢筋网的设置、钢筋规格和钢筋网的竖向间距各有什么要求？

网状配筋砌体的配筋形式常采用方格网配筋和连弯钢筋网配筋两种形式。方格网配筋主要用于砖砌体柱或墙，连弯钢筋网配筋则主要用于砖砌体柱，如图 7-1 所示。

根据《砌体结构设计规范》GB 50003—2001 的规定：采用网状配筋的砖砌体构件，当用方格网配筋时，钢筋的直径宜采用 3~4mm，钢筋网中钢筋的间距不应大于 120mm，也不应小于 30mm；当采用连弯钢筋网时，钢筋的直径不应大于 8mm，在放置灰缝中时，网的钢筋方向应互相垂直，沿砌体高度交错设置。

钢筋网沿砌体高度的竖向间距不应大于五皮砖，并不应大于 400mm。当采用连弯网时，钢筋网的竖向间距应取同一方向网的间距。

钢筋网片应设置在砖砌体的水平灰缝中，灰缝厚度应保证钢筋上下至少各有 2mm 厚的砂浆保护层。

7-4 什么是组合砖砌体构件？

组合砖砌体构件是指由砖砌体和现浇钢筋混凝土构件组合在一起，通过拉结钢筋（箍筋）加强连接，共同工作受力的组合构件。

组合砖砌体构件通常有以下三种型式：
（1）组合砖砌体柱。由砖砌体和钢筋混凝土面层或钢筋砂浆面层组合而成。根据柱尺寸状况有图 7-2 所示的三种类型。
（2）组合砖砌体墙。由砖砌体和钢筋混凝土面层或钢筋砂浆

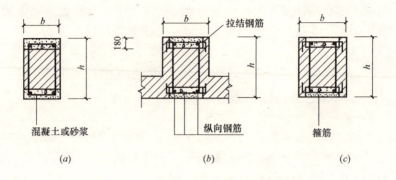

图 7-2 组合砖砌体柱截面

面层组合而成,如图 7-3 所示。这种形式常在加固工程中得到应用。

(3) 砖砌体和钢筋混凝土构造柱组合墙,如图 7-4 所示。

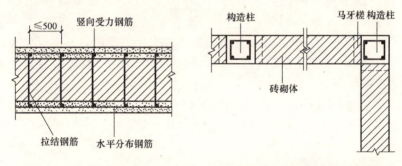

图 7-3 组合砖砌体墙截面　　7-4 砖砌体构造柱组合墙截面示意

组合砖砌体一般用做偏心矩较大的受压构件。

7-5 什么是配筋砌块剪力墙?

配筋混凝土砌块砌体是在砌块墙体上下贯通的竖向孔洞中插入竖向钢筋,且间隔一定距离设置水平钢筋,并用灌孔混凝土灌实,使竖向和水平钢筋与砌体形成一个共同工作的整体(图

7-5)。由于这种墙体主要用于中高层或高层房屋中起剪力墙作用,故又称配筋砌块剪力墙。

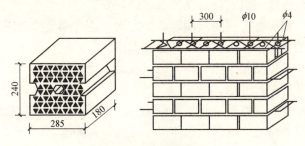

图 7-5 配筋砌块砌体

配筋砌体不仅加强了砌体的各种强度和抗震性能,还扩大了砌体结构的使用范围。

7-6 网状配筋砌体的工艺流程是怎样的?

网状配筋砌体的工艺流程如图 7-6 所示。

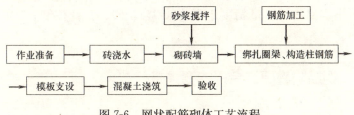

图 7-6 网状配筋砌体工艺流程

7-7 配筋砌体工程施工应准备哪些材料、机具?并做哪些现场准备?

(1) 材料准备应做到将所需砖、砌块、钢筋按照不同规格和强度等级整齐堆放,堆垛上应设标志。对进场的砖、砌块、钢筋的型号、规格、数量和堆放位置及次序等进行检查、验收,能满足施工要求。堆放场地要平整,并做好排水。砂料要堆放整齐。

(2) 所需工具及设备已准备就绪,安装就位。

(3) 根据施工图要求制定施工方案,绘好砌块排列图,选定砌块吊装线路、吊装次序以及组砌方法。

(4) 基层清扫干净,并弹出纵横墙轴线,边线,门窗洞口位置线以及其他尺寸线。

(5) 立好皮数杆,复核基层标高。根据砌块尺寸和灰缝厚度计算皮数和排数,以保证砌体尺寸符合设计要求。

7-8 施工中对砖与砂浆的使用有何要求?

烧结普通砖在砌筑前一天必须浇水湿润,一般以水浸入砖四边15mm为宜,含水率为10%~15%,常温下施工不得用干砖上墙;雨期施工不得用含水率达饱和状态的砖砌筑;冬期施工浇水有困难,必须适当增大砂浆稠度。

砂浆宜用机械搅拌,搅拌时间不少于1.5min,砂浆配合比应采用重量比,计量精度水泥为±2%,砂、石膏控制在±5%以内。

7-9 钢筋防腐保护合格的要求是什么?

在我国,钢筋防腐保护的主要办法是采用在钢筋表面外涂涂料的办法。

涂料施工的方式基本有三种:

(1) 手工涂刷。人工将涂料刷在钢筋表面,这种方式涂层厚薄不匀,易流堕,易漏刷,涂料消耗多。

(2) 喷涂。采用喷涂工具(喷枪、喷壶等)将涂料成气雾状喷在钢筋表面,翻动钢筋,喷全表面,一般成批进行。这种方式涂层相对较均匀,较薄,不易流淌。

（3）浸沾。涂料放在一定的容器中，将钢筋浸入涂料内，使钢筋表面沾满涂料后取出。这种方式涂层比较均匀，无漏涂处，涂料也较节约。既可单根也可成批进行。

置于砌体灰缝中的钢筋防腐保护合格的基本要求是：涂料种类符合设计要求；钢筋无漏刷漏涂处；涂层干燥后无起皮脱落现象。

钢筋的防腐保护不像钢结构的防腐保护那么严格，对防腐层的厚度，设计一般不做要求。

7-10 什么是钢筋的锚固长度？

钢筋的锚固长度这一概念来源于钢筋混凝土结构。

钢筋与混凝土是两种力学性能完全不同的材料，它们之所以能结合成一体，成为一种材料，共同承受外荷载的作用，主要是因为钢筋与混凝土之间存在着粘结力，有时也称之为握裹力。

所谓钢筋的锚固长度的含义是指：在钢筋锚固拉拔试验中，当拉拔露在混凝土外的钢筋时，钢筋被拉断，而埋在混凝土中的钢筋仍然与混凝土粘结良好，粘结力未受破坏，此时，钢筋在混凝土中的最小埋置长度，即钢筋的锚固长度。如我们通常所说的，钢筋的锚固长度是多少倍钢筋的直径。

在配筋砌体中，与钢筋混凝土不同的是：钢筋接触的不是混凝土而是砂浆，但钢筋与砂浆之间的粘结力的形成因素基本与钢筋混凝土相同。

因此，在砌体工程中，钢筋的锚固长度的含义同样是指：拉拔试验中，露在砂浆外的钢筋被拉断，而埋在砂浆中的钢筋仍然与砂浆粘结良好，粘结力未受破坏，此时，钢筋在砂浆中的最小埋置长度即砌体工程中所说的钢筋锚固长度。广义上，也指受力不需要截面以外的钢筋在砂浆中的埋设长度。

设置在砌体水平灰缝中钢筋的锚固长度不宜小于 $50d$，且其水平或垂直折段的长度不宜小于 $20d$ 和 150mm，钢筋的搭接长度不应小于 55d。

7-11 组合砌体施工一般要求有哪些？

（1）在常规砌筑砌体的同时，按照规定的间距在砌体水平灰缝内放置箍筋或拉结钢筋，箍筋和拉结筋应埋置在砂浆层中，砂浆保护层不小于 2mm，两端伸出砌体外的长度应保持一致。

（2）受力钢筋的保护层厚度不应小于表 7-1 中规定，受力钢筋距砌体表面的距离不应小于 5mm。

受力钢筋保护层厚度（mm） 表 7-1

类别	环境条件	室内正常环境	露天或室内潮湿环境
墙		15	25
柱	混合砂浆	25	35
	水泥砂浆	20	30

（3）组合砌体的顶部和底部，以及牛腿部位，必须设置混凝土垫块，受力钢筋伸入垫块的长度，必须满足锚固的要求。

（4）面层施工前，应清除面层上的杂物，并浇水湿润。

7-12 组合砖砌体有哪些构造要求？

（1）砖强度等级不低于 MU10，面层混凝土强度等级宜采用 C15 或 C20。砌筑砂浆的强度等级不低于 M5，面层水泥砂浆强度等级不低于 M7.5。砂浆面层厚度宜在 30～45mm 之间，当大于 45mm 时，宜采用混凝土。

（2）受力钢筋宜采用 HPB235 级钢筋，对于混凝土面层，亦可采用 HRB335 级钢筋。受力钢筋的直径不应小于 $\phi 8$，净间距不应小于 30mm。受压钢筋一侧配筋率，对于砂浆面层不宜小于 0.1%；对于混凝土面层不宜小于 0.2%。

(3) 当组合砖砌体一侧的受力钢筋多于 4 根时，应设置附加箍筋或拉结钢筋。

(4) 组合砖墙应采用穿通墙体的拉结钢筋作为箍筋，同时设置水平分布钢筋。拉结钢筋的水平间距及水平分布钢筋的垂直间距，均不应大于 500mm。

(5) 组合砖砌体的顶部及底部，以及牛腿处，必须设置钢筋混凝土垫块。受力钢筋伸入垫块的长度必须满足锚固长度要求。

组合砖砌体施工，应先砌筑砖砌体，同时，按设计部位放置箍筋，待砖砌体强度达到设计强度的 50% 以上时，绑扎竖向受力钢筋和水平分布筋，在检查钢筋间距符合要求后，支模板，分层灌注砂浆或混凝土，逐层振捣密实，待砂浆或混凝土强度达到设计强度的 30% 以上时，方可拆除模板。

7-13 钢筋砖过梁砌筑有哪些要求？

钢筋砖过梁是用普通砖平砌，底部配以钢筋而成的梁。所配钢筋直径不应小于 $\phi 5$，间距不宜大于 120mm，钢筋伸入砖墙内的长度不宜小于 240mm，保护钢筋的砂浆层厚度不宜小于 30mm，如图 7-7 所示。

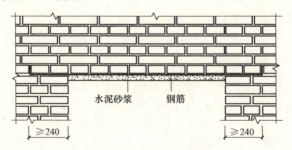

图 7-7 钢筋砖过梁

钢筋砖过梁的作用高度为 7 皮砖（440mm）；厚度等于墙厚；长度等于洞口宽度加 480mm。钢筋砖过梁的跨度（洞口宽度）不应超过 1500mm。

钢筋砖过梁部分的灰缝宽度与砂浆饱满度要求同砖墙一致。过梁底部的模板，应在底部砂浆层的强度不低于设计强度的 50% 时，方可拆除。

7-14 如何砌筑钢筋砖过梁？

（1）当窗间墙砌至洞口顶标高时支模。支模时，应让模板中间起拱 0.5‰～1‰，如洞口宽 1000mm，起拱 5～10mm。

（2）润湿良好的模板，并抹上厚 20mm 的 M10 的砂浆。

（3）把加工好的钢筋埋入砂浆，钢筋两端弯钩向上 90°，并将砖卡砌在 90° 弯钩内。钢筋伸入墙内 240mm 以上，锚固于窗间墙内，如图 7-7 所示。与墙体同时砌筑。

（4）砂浆强度等级应保证在钢筋长度以及跨度的 1/4 高度范围内，比砌墙砂浆的强度高一级，且不得低于 M5。

（5）钢筋砖过梁部分宜采用一顺一丁砌筑法，第一皮砖宜采用丁砖砌筑。

7-15 钢筋砖圈梁的砌筑应注意哪些方面？

为了提高砖砌体的整体刚度，在外墙一圈或内纵墙上设置一圈封闭的圈梁。砖圈梁是在砖墙的水平灰缝中设置上下两道通长钢筋，形成钢筋砖圈梁。

（1）钢筋砖圈梁的高度为 4～6 皮砖厚，宽度同墙厚度，纵向钢筋不宜少于 3 根，$\phi6$ 的钢筋，水平间距不宜大于 120mm，分上下两层设在圈梁底部和顶部的水平灰缝中，如图 7-8 所示。

（2）钢筋砖圈梁应采用不低于 MU10 的砖及不低于 M5 的砂浆砌筑。

（3）钢筋砖圈梁宜连续地设在同一水平面上，并形成封闭状；当圈梁被门窗洞口截断时，应在洞口上方增设相同截面的附

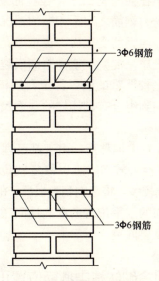

图 7-8 钢筋砖圈梁

加圈梁。附加圈梁与圈梁的搭接长度不应小于其垂直间距的 2 倍,且不小于 1000mm,如图 7-9 所示。

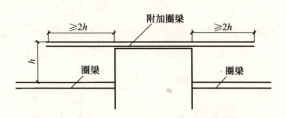

图 7-9 附加圈梁与圈梁搭接

7-16 组合砌体柱施工中,箍筋水平位置偏移有什么危害?

组合砌体柱施工中,箍筋平面位置如果发生偏移,将会造成较大的危害。

如果各层箍筋不在同一垂面中，在竖向受力钢筋插入以后，会造成箍筋和竖向受力钢筋之间不相贴的情况。这样，箍筋就起不到应有的作用，竖向钢筋受压后，也难以充分发挥其作用，可能会造成钢筋提前压屈，混凝土或砂浆面崩裂的现象。

如果箍筋错位比较严重的话，甚至会给模板就位造成阻挡，造成支模困难，影响到组合砖砌体柱的截面尺寸，有时候还会造成箍筋的露筋现象。

箍筋的水平位置发生偏移后，由于其已埋置固定于砌体的水平灰缝中，其可修复性就较差，难以修复就位。而且，各层箍筋中，只要有一根错位较多，将影响到整根柱子的竖向钢筋的就位。

由此可见，箍筋的水平位置的准确性问题是施工中应该重视和采取措施克服的重要问题。

7-17 如何保证组合砌体柱中箍筋位置正确？

解决组合砖砌体柱中箍筋水平位置偏移问题，除了敦促瓦工砌筑摆放箍筋时精心操作以外，采取一些必要的辅助措施也是不可缺少的。

根据箍筋设置要求，施工中可采取设置箍筋位置垂直面标杆的办法来控制箍筋的平面位置。标杆设置办法如图7-10所示。

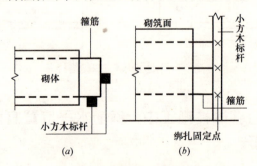

图7-10　垂直面标杆设置示意
(a) 标杆平面位置；(b) 标杆立面示意

标杆一般可采用木质材料制成，施工时，在第2层或第3层箍筋埋设后架立，也可以在砌筑之初就采用其他方法固定架立。标杆设置时，要吊线保持其垂直后，再采用钢丝捆绑固定于箍筋上。施工中，还要检查其垂直度情况，发现问题及时进行纠正。

7-18 钢筋混凝土构造柱和砖组合砌体有哪些构造要求？

在房屋建筑工程的砌体工程中，为了加强砌体结构的整体性，提高结构抗震性能，根据工程所处的地理位置和抗震设防烈度的不同要求，设计时常在外墙四角、纵横墙交接处、楼（电）梯间的四角、较大洞口两侧等部位设置钢筋混凝土构造柱，这是在大量震害调查研究基础上采取的一项构造措施。

(1) 钢筋混凝土构造柱应沿整个建筑物高度上下对正贯通，必须与圈梁连接，构造柱应伸到突出屋顶的楼（电）梯间顶部，且与顶部圈梁连接。

(2) 构造柱下不必设置柱基或扩大基础面积，柱底应埋置在距室外地面500mm以下。

(3) 构造柱的混凝土强度等级不应低于C20，钢筋宜采用HPB235级钢筋。

(4) 构造柱的最小截面尺寸为240mm×180mm，边柱、角柱的截面宽度宜适当加大。构造柱内竖向受力钢筋最小不低于4ϕ12，边柱、角柱不低于4ϕ14，构造柱的竖向受力钢筋应在基础梁和楼层圈梁中锚固，并应符合受拉钢筋的锚固要求。

(5) 构造柱内箍筋宜采用ϕ6，一般部位间距不宜大于250mm，在楼层上下500mm范围内加密，间距为100mm。

(6) 所用普通砖的强度等级不应低于MU10，砌筑砂浆强度等级不应低于M5。

(7) 砖墙与构造柱连接处应砌成马牙槎，每一马牙槎的高度不宜超过300mm，且沿墙高每隔500mm设置2ϕ6水平拉结钢筋，钢筋每边伸入墙内不宜小于1000mm，同一层内马牙槎设为"五进五出"，如图7-11所示。

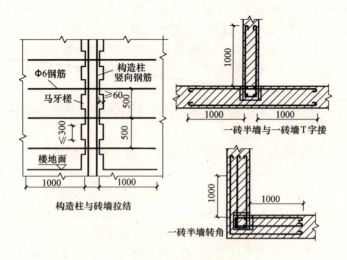

图 7-11 砖墙与构造柱连接部位

7-19 构造柱的施工顺序是怎样？

构造柱与砖墙的施工顺序应为：绑扎钢筋→砌砖墙→支模板→浇筑混凝土→拆模板→验评。

7-20 构造柱浇灌混凝土前应注意什么？

构造柱在浇筑前，必须在砌体留槎部位和模板上浇水湿润，将模板内的落地灰、砖渣和其他杂物清理干净，并在结合面处注入适量与构造柱混凝土强度相同的水泥砂浆。振捣时，应避免触碰墙体，严禁通过墙体传震。

7-21 什么是去石水泥砂浆？

混凝土的组成材料通常有石子、砂、水泥、掺合料、外加剂、水六大类，水泥砂浆的组成材料一般有砂子、水泥、掺合料、外加剂、水五大类，二者不同之处主要在于有无石子。

在浇筑混凝土竖向构件时，规范一般要求先浇筑一层水泥砂浆，以改善混凝土结合部位的结合状况和混凝土浇筑过程中的均匀性。但是，具体采用什么样的水泥砂浆并未明确提出。为了保持混凝土质量的一致性，在施工实践中，一般采用与浇筑部位混凝土配合比相同，仅仅在拌制过程中不加入石子而制成的水泥砂浆，铺垫在拟浇筑的竖向构件的底部。这种与混凝土配合比相同，仅仅在拌制过程中不加入石子而制备成的水泥砂浆就称为去石水泥砂浆。

7-22 浇筑每一段构造柱混凝土之前，为什么应在结合处注入与构造柱混凝土相同的去石水泥砂浆？

浇筑构造柱混凝土之前，一般都应在构造柱底结合部位注入与构造柱混凝土相同的去石水泥砂浆。去石水泥砂浆的注入厚度一般控制在 2cm 左右。去石水泥砂浆的注入，不仅可以改善新浇筑的构造柱混凝土和下段构造柱老混凝土的结合状况，而且可以改善混凝土在浇筑过程中的均匀性，防止或减少构造柱烂根现象。

构造柱混凝土施工时，在开始下料的过程中，由于构造柱内与墙体拉结钢筋的存在，使本来不大的下料空间被拉结筋分割成许多小块，给混凝土的下落形成了层层障碍，部分混凝土不能直接下落到位置，经多层反复阻挡后，混凝土中的一些砂浆被粘附在拉结钢筋上，而石子直接跌落到底部，这样，使构造柱底部混凝土的浆骨比就产生了变化，粗骨料比较明显增加，降低了构造柱混凝土的均匀性。同时，混凝土竖向构件在浇筑与振捣过程中，由于重力作用，较粗的骨料也容易下沉到浇筑层底部。如果不注入适量去石水泥砂浆，新老混凝土的结合面会由于石子过多、砂浆偏少而结合不好，注入去石水泥砂浆后，还可以弥补底部混凝土水泥砂浆量的不足。特别是在柱根部模板密封不严，易出现漏浆的情况下，有利于克服构造柱烂根的质量通病。

7-23 构造柱相邻砌体砌筑时应注意哪些问题？

钢筋混凝土构造柱与砖砌体连接部位的联系和结合状况是确保构造柱发挥其作用的关键因素之一。设计施工时，一般采取设置拉结钢筋和将构造柱相邻砌体砌成大马牙槎的措施。

构造柱相邻砌体砌筑时要控制好以下五个方面：

(1) 搁准底。构造柱相邻墙体砌筑时，控制好墙体第一层砖靠构造柱边的位置十分重要，它关系到构造柱的轴线位置和柱层间位移。240mm厚墙一般以砌筑平面的墙体轴线为准，按构造柱设计截面尺寸边线外退60mm留槎砌筑。当外墙厚为370mm，构造柱设计为暗柱时，沿墙轴线方向的一边，同样外退60mm留槎砌筑，垂直轴线方向则在保持外墙面平整的条件下，基本与构造柱边线齐平，不留槎砌筑，如图7-12所示。

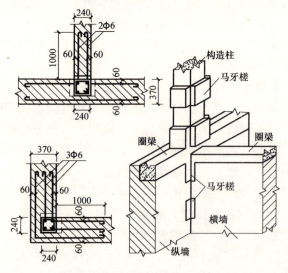

图7-12 构造柱位置示意图

(2) 马牙槎留置要先退后进，这样，可以保证构造柱底部和圈梁等构件有较大的接触面，有利于加强连接节点，也有利于保证结合部位混凝土的施工质量。

马牙槎的高度，规范要求不大于 300mm，施工中一般按上限要求控制。习惯上执行"五进五出"或"三进三出"的砌筑方法。即对于普通砖砌体来讲，先收进五皮砖再伸出五皮砖，对于多孔砖砌体来说，先收进三皮砖再伸出三皮砖，以底砖为准，伸出长度为 60mm。

(3) 正确留置拉结钢筋。构造柱相邻砌体砌筑时，规范要求应沿高每 500mm 设置 $2\phi6$ 的水平拉结钢筋，每边伸入墙内不宜小于 1.0m，遇有洞口时，则伸至洞边，距墙边距离为 60mm。

(4) 控制好马牙槎外齿边的垂直度，这是确保构造柱截面尺寸的关键。施工中首先要搁准第一层伸出砖的位置，然后按砌筑阳角的类似方法砌筑，保持垂直。

(5) 构造柱可不必单独设置柱基，但在基础砌体砌筑时，应保证底层构造柱伸入室外地面标高以下 500mm。

7-24 配筋砌块剪力墙有哪些构造要求？

配筋砌块剪力墙是在普通混凝土小型空心砌块墙的孔洞和水平灰缝中配置钢筋的砌体。

(1) 配筋砌块剪力墙所用小砌块强度等级不应低于 MU10，砌筑砂浆强度等级不低于 M7.5，灌孔混凝土强度等级不应低于 C20。墙的厚度不应小于 190mm。

(2) 钢筋直径不宜大于 25mm，当设置在灰缝中时不应小于 4mm，设置在灰缝中的钢筋直径不宜大于灰缝厚度的 1/2。两平行钢筋间的净距不应小于 25mm。孔洞中竖向钢筋的净距不宜小于 40mm。

(3) 灰缝中钢筋外露砂浆保护层不宜小于 15mm。位于砌块孔洞中的钢筋保护层，在室外或潮湿环境中不宜小于 30mm，在室内正常环境中不宜小于20mm。

7-25 配筋砌块剪力墙构造配筋应符合哪些规定？

（1）应在墙的转角、端部和洞口的两侧配置竖向连续的钢筋，钢筋直径不宜小于12mm。

（2）应在洞口的底部和顶部设置不小于2ϕ10的水平钢筋，其伸入墙内的长度不宜小于35d（d为钢筋直径）和400mm。

（3）其他部位的竖向和水平钢筋的间距不应大于墙长、墙高之半，也不应大于1200mm，对局部灌孔的墙体，竖向钢筋的间距不应大于600mm。沿墙竖向和水平方向的构造配筋率均不宜小于0.07%。

（4）应在楼（屋）盖的所有纵横墙处设置现浇钢筋混凝土圈梁，圈梁的宽度和高度分别宜等于墙厚和砌块高度，圈梁主筋不应小于4ϕ10，混凝土强度等级不宜低于同层混凝土砌块强度等级的2倍，该层灌孔混凝土的强度等级也不应低于C20。

7-26 为什么配筋砌体剪力墙要采用专用小砌块砌筑砂浆砌筑和灌孔？

对于配筋的砌块砌体剪力墙来说，一般在中、高层砌块建筑中应用，是这类建筑中的关键抗震构件，其抗震性能如何至关重要。

配筋砌块砌体剪力墙由于配有各种形式的钢筋，不仅要求块材之间的粘结要好，而且砂浆和钢筋间的粘结性能也要好，才能充分发挥配筋的作用。专用小砌块砌筑砂浆的良好粘结性能是保证砌块砌体剪力墙结构性能的一个重要因素。因此，在《砌体工程施工质量验收规范》GB 50203—2002第8章配筋砌体工程的一般规定中，第8.1.4条规定，配筋砌块砌体剪力墙应采用专用的小砌块砌筑砂浆。这里用的是"应"字而不是"宜"，一般不允许选择，即使施工成本略高，也得应用，这是保证砌块砌体剪力墙施工质量的重要环节。

混凝土小型空心砌块砌体，由于小砌块的壁和肋较窄，砌筑后上下层块材的投影接触面较小，即使灰缝砂浆比较饱满，块材间通过砂浆粘结的水平灰缝面积相对较小，所以抗剪强度较低是小砌块砌体的一个弱点。为了克服这一弱点，一般采取一些构造措施来予以加强。

7-27 配筋砌块柱有哪些构造要求？

配筋砌块柱是在普通混凝土小型空心砌块柱的孔洞内配置钢筋的砌体，如图 7-13 所示。

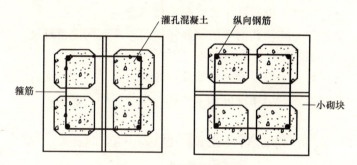

图 7-13 配筋砌块柱截面

配筋砌块柱所用材料的强度要求与配筋砌块剪力墙相同。配筋砌块柱截面边长不宜小于 400mm，柱高度与柱截面短边之比不宜大于 30mm。

柱的纵向受力钢筋不宜小于 4ϕ12，全部纵向受力钢筋的配筋率不宜小于 0.2%。

7-28 配筋砌块柱中箍筋设置应根据哪些情况确定？

柱中箍筋设置应根据下列情况确定：

（1）当纵向受力钢筋的配筋率大于0.25%，且柱承受的轴向力大于受压承载力设计值的25%时，柱应设箍筋；当配筋率不大于0.25%时，或柱承受的轴向力小于受压承载力设计值的25%时，柱中可不设箍筋。

（2）箍筋直径不宜小于6mm。

（3）箍筋的间距不应大于16倍的纵向钢筋直径、48倍箍筋直径及柱截面矩边尺寸中较小者。

（4）箍筋应做成封闭状，端部应有弯钩。

（5）箍筋应设置在水平灰缝或灌孔混凝土中。

7-29 配筋砌块砌体中对钢筋最小保护层厚度有何要求？

（1）灰缝中钢筋外露砂浆保护层不宜不于15mm。

（2）位于砌块孔槽中的钢筋保护层，在室内正常环境中不宜小于20mm，在室外或潮湿环境中不宜小于30mm。

（3）对安全等级为一级或设计使用年限大于50年的配筋砌体，其钢筋保护层厚度应比上述规定至少增加5mm。

7-30 配筋砌块砌体中对钢筋弯钩和钢筋间距有何要求？

钢筋骨架中的受力光圆钢筋，应在钢筋末端做180°弯钩。在焊接骨架、焊接网以及受压构件中，可不做弯钩。在绑扎骨架中的受力螺纹钢筋，钢筋的末端不做弯钩。

两平行钢筋间的净距不应小于25mm。柱和壁柱中的竖向钢筋的净距不宜小于40mm（包括接头处钢筋间的净距）。

7-31 什么是钢筋混凝土填心墙？

钢筋混凝土填心墙是将砌好的两个独立的砖墙，用拉结钢筋连接起来，并在两墙之间设置钢筋，浇筑混凝土而成的组合墙体，如图 7-14 所示。

钢筋混凝土填心墙的施工方法有两种，即低位浇筑法和高位浇筑法。

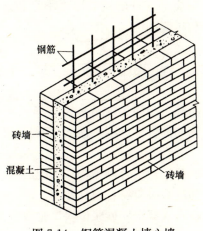

图 7-14　钢筋混凝土填心墙

7-32　低位浇筑混凝土和高位浇筑混凝土施工方法分别是怎样的？

(1) 低位浇筑混凝土法是在浇筑前应检查受力钢筋、水平分布钢筋以及砌筑的两面墙体是否符合质量要求后方能浇筑混凝土。每次砌筑墙高度和浇筑混凝土高度均不超过 600mm，砌筑时应按设计要求在砖墙水平灰缝中设置拉结钢筋，同时将落入两面墙之间的砂浆和砖渣等杂物清理干净并向两墙里侧浇水润湿。

(2) 高位浇筑混凝土法施工时要控制每次砌筑墙高不得超过 3m，两面墙砌筑高度差不应大于墙内拉结钢筋的竖向间距。砌筑时要按设计要求在墙水平灰缝中设置拉结钢筋，并与受力钢筋绑牢。检查钢筋间距规格等符合要求后方可继续砌筑。在浇筑混凝土前应检查墙体质量、清理两面墙间的砂浆和碎砖等杂物，清理洞口，用同强度等级同品种的砖和砂浆塞口，砂浆强度确定已经达到能承受混凝土产生的侧压力时，浇水润湿两墙内侧后，再浇筑混凝土。

浇筑混凝土时要检查混凝土的质量，并逐层振捣密实。振捣时宜采用插入式振捣器，分层浇捣厚度不宜超过 200mm，振捣棒不要碰触钢筋和砖墙。

7-33 配筋砌体工程的质量验收主控项目有哪些？

（1）钢筋的品种、规格、数量和设置部位应符合设计要求。检验方法：检查钢筋的合格证书、钢筋性能复试试验报告、隐蔽工程记录。

（2）构造柱、芯柱、组合砌体构件、配筋砌体剪力墙构件的混凝土及砂浆的强度等级应符合设计要求。

检验方法：检查混凝土和砂浆试块试验报告。

抽检方法：各类构件每一检验批砌体至少应做一组试块。

（3）构造柱与墙体的连接应符合下列规定：

1）墙体应砌成马牙槎，马牙槎凹凸尺寸不宜小于 60mm，高度不应超过 300mm，马牙槎应先退后进，对称砌筑；马牙槎尺寸偏差每一构造柱不应超过 2 处；

2）预留拉结钢筋的规格、尺寸、数量及位置应正确，拉结钢筋应沿墙高每隔 500mm 设 2ϕ6，伸入墙内不宜小于 600mm，钢筋的竖向移位不应超过 100mm，且竖向移位每一构造柱不得超过 2 处；

3）施工中不得任意弯折拉结钢筋。

抽检数量：每检验批抽查不应少于 5 处。

检验方法：观察检查和尺量检查。

（4）配筋砌体中受力钢筋的连接方式及锚固长度、搭接长度应符合设计要求。

检查数量：每检验批抽查不应少于 5 处。

检验方法：观察检查。

7-34 配筋砌体工程的质量验收一般项目有哪些？

（1）构造柱一般尺寸允许偏差及检验方法应符合表 7-2 的规定。

构造柱一般尺寸允许偏差及检验方法　　　表 7-2

项次	项目		允许偏差(mm)	检验方法
1	中心线位置		10	用经纬仪和尺检查或用其他测量仪器检查
2	层间错位		8	用经纬仪和尺检查或用其他测量仪器检查
3	垂直度	每层	10	用 2m 托线板检查
		全高 ≤10m	15	用经纬仪、吊线和尺检查或用其他测量仪器检查
		全高 >10m	20	

抽检数量：每检验批抽查不应少于 5 处。

（2）设置在砌体灰缝中钢筋的防腐保护应符合本规范第 3.0.16 条的规定，且钢筋防护层完好，不应有肉眼可见裂纹、剥落和擦痕等缺陷。

抽检数量：每检验批抽查不应少于 5 处。

检验方法：观察检查。

（3）网状配筋砖砌体中，钢筋网规格及放置间距应符合设计规定。每一构件钢筋网沿砌体高度位置超过设计规定一皮砖厚不得多于一处。

抽检数量：每检验批抽查不应少于 5 处。

检验方法：通过钢筋网成品检查钢筋规格，钢筋网放置间距采用局部剔缝观察，或用探针刺入灰缝内检查，或用钢筋位置测定仪测定。

（4）钢筋安装位置的允许偏差及检验方法应符合表 7-3 的规定。

钢筋安装位置的允许偏差和检验方法　　　　表 7-3

项　目		允许偏差(mm)	检　验　方　法
受力钢筋保护层厚度	网状配筋砌体	±10	检查钢筋网成品,钢筋网放置位置局部剔缝观察,或用探针刺入灰缝内检查,或用钢筋位置测定仪测定
	组合砖砌体	±5	支模前观察与尺量检查
	配筋小砌块砌体	±10	浇筑灌孔混凝土前观察与尺量检查
配筋小砌块砌体墙凹槽中水平钢筋间距		±10	钢尺量连续三档,取最大值

抽检数量:每检验批抽查不应少于 5 处。

7-35　为什么要把钢筋列为主控项目进行控制?

按照《建筑工程施工质量验收统一标准》GB 50300—2001 的解释,主控项目是建筑工程中对安全、卫生、环境保护和公众利益起决定性作用的检验项目。

配筋砌体工程一般都属于主体结构工程,涉及建筑物的安全问题,是施工中需要进行重点控制的工程部位。

普通砌体工程,由于其自身的弱点,常常不能满足结构受力的需要和抗震设防的要求。通过各种形式配置钢筋以后,可以提高砌体结构的承载能力和抗震性能。例如:网状配筋砖砌体可以提高承压能力;组合砖砌体的面层或填心混凝土墙对砌体的约束作用,也可提高砌体的承载力;构造柱和圈梁形成的"弱框架",使砌体受到约束,可以改善墙体延性,提高承载能力;在砌体结构设计规范中,各种配筋砌体中的钢筋都参与了承载力和抗震设计的计算,是配筋砌体中的一种重要受力材料。

配筋砌体中所用的钢筋和钢筋混凝土中所用的钢筋相比较,有其自身的特点。由于受到灰缝和孔洞的限制,钢筋的规格一般比较小，钢筋的级别相对低一些，连接钢筋的作用要大一些，钢筋的设置数量要少一些，因此，配筋砌体中的钢筋和钢筋混凝土中的钢筋同等重要。

除此之外，配筋砌体中钢筋施工工艺还有其特殊之处，主要表现在以下几个方面：

（1）钢筋混凝土工程中，墙、柱钢筋的安装是先支部分模板后绑扎钢筋或者先绑扎钢筋后支模板。而配筋砌体中，有些钢筋在砌体施工中同时埋设，有些钢筋在砌体施工完成后再插入，施工难度相对大些。

（2）配筋砌体中的部分钢筋，埋入砌体后，具有不可拆换性，可调整性也相对较差。

（3）配筋砌体中的纵向钢筋接头，一般采用搭接或非接触搭接接头，接头的位置多数具有相对固定性，一般在楼面以上部位，不像钢筋混凝土中钢筋成型后，易检查，易发现问题，易于采取纠正措施。施工质量控制要随时进行。

综上所述，无论从钢筋在配筋砌体中的作用来看，还是从配筋砌体中钢筋的设置和施工特点来看，钢筋都占有重要的位置，对结构受力性能有较大的影响。因此，将钢筋作为主控项目来进行控制是适宜的。

7-36　墙体刚砌完构造柱部位，能否立即浇灌混凝土？

不能。

砌体强度的发展随砂浆强度的增长而增长，刚砌完的墙体，由于砂浆尚未凝结硬化，砌体强度很低，特别是抗侧移的能力较弱，如果立即浇灌混凝土，在各种力的综合作用下，或者有时候支模方法不当，很容易使墙体产生局部变位或倾斜，最终导致构造柱成型后的垂直度、平整度等产生变化，超出标准规定，因此，墙体刚砌完的构造柱部位，立即浇灌混凝土是不适宜的。

混凝土构造柱是一种较特殊的现浇构件，其成型模板系统也具有特殊性，大部分成型面是利用墙体形成的，只有小部分成型面是利用各种材质的模板支设形成的。这小部分模板的支模方法，一般也是利用墙体作模板内支撑，采用工具或夹具或钢管扣件相夹而成的，因此，墙体在构造柱混凝土成型过程中起着很重要的作用。

　　在工程施工实践中，我们注意到有这样的现象，有时墙体刚砌完时垂直度较好，很快浇筑构造柱混凝土，在拆模后发现构造柱部位及附近墙体垂直度发生了变化。所以，这一问题应该得到重视。

八、砌筑工程季节性施工

8-1 冬期施工如何划分？

（1）进入冬期施工

根据当地多年气温观测资料，室外日平均气温连续5天稳定低于+5℃或最低气温低于0℃时，即进入冬期施工。

（2）解除冬期施工

当日平均气温高于+5℃，或最低气温高于0℃时，即解除冬期施工。

（3）部分城市日平均气温稳定低于5℃的初终日期

根据我国中央气象台1951～1980年间的统计资料，全国部分城市日平均气温稳定低于5℃的初终日期及天数详见表8-1所列。

全国部分城市日平均气温稳定低于5℃的初终日期　　表8-1

城市名称	初终日期	天数	城市名称	初终日期	天数
北京	12/11～22/3	130	兰州	26/10～23/3	148
太原	1/11～26/3	145	乌鲁木齐	12/10～11/4	181
海拉尔	25/9～11/5	228	徐州	22/11～16/3	114
哈尔滨	13/10～23/4	192	西安	18/11～9/3	111
牡丹江	13/10～22/4	191	锡林浩特	2/10～2/5	213
沈阳	25/10～6/4	163	青岛	18/11～27/3	129
丹东	6/11～6/4	151	银川	29/10～27/3	149
呼和浩特	15/10～17/4	164	酒泉	19/10～11/4	174

续表

城市名称	初终日期	天数	城市名称	初终日期	天数
拉萨	28/10～28/3	151	桂林	6/1～8/2	53
济南	18/11～18/3	120	重庆	13/1～25/1	12
成都	31/12～1/1	1	贵阳	11/12～28/2	79
哈密	25/10～25/3	150	格尔木	10/10～22/4	194
敦煌	26/10～22/3	147	昆明	21/1～2/2	12
上海	11/12～5/3	84	康定	19/10～13/4	176
武汉	5/12～2/3	87	昌都	30/10～29/3	150
汉中	27/11～2/3	95	黑河	11/9～9/6	276
南昌	22/12～27/2	67			

8-2 《建筑工程冬期施工规程》中，对砌筑工程重点提出哪方面的要求？

《建筑工程冬期施工规程》JGJ 104—1997 是一本专业性的行业标准。它是适应冬期施工项目日益增多，施工任务越来越重的需要，为保证冬期施工的顺利进行，针对建筑工程冬期施工的特点，在总结我国以往冬施经验的基础上，在国家有关技术、经济政策的指导下，制定的综合指导各土建专业工程冬期施工的标准。

在该规程中，对砌筑工程重点围绕以下几个方面提出了施工质量控制的要求：

（1）对冬期施工所用原材料的特定要求。主要有：块材砌筑前应清除表面的污物、冰雪等，不得使用遭水浸和受冻后的砖或砌块；砂浆宜采用硅酸盐水泥制备，不得使用无水泥制备的砂浆；石灰膏等掺合料宜保温防冻，当遭冻结时，应经融化后方可使用；拌制砂浆采用的砂不得含有直径大于 1cm 的冻结块或冰块；水加热温度不得超过 80℃，砂不得超过 40℃等。

(2) 砖砌体施工应采用"三一"砌砖法。

(3) 砌体砌筑后应采取覆盖性保护措施。

(4) 砌体工程冬期施工方法应优先选用外加剂法，有特殊要求的工程亦可选用其他方法，混凝土小型空心砌块不得使用冻结法施工，加气混凝土砌块承重墙体及围护外墙不宜冬期施工。

(5) 砌体工程冬期施工砂浆试块的留置，除按常温规定要求外，尚应增加不少于两组与砌体同条件养护的试块。

(6) 砌筑工程冬期施工管理方面，除常规要求外，还应记录室外空气温度、暖棚温度、砌筑时砂浆温度、外加剂掺量以及其他有关资料。

(7) 对"外加剂法"、"冻结法"和"暖棚法"等砌体工程的冬期施工方法，按各自的施工特点分别提出了不同的技术要求。

8-3 砌体工程冬期施工应做哪些技术准备？

(1) 落实冬期施工项目，组织专人编制冬期施工方案。

(2) 与当地气象台站保持长期联系，及时接收天气预报，防止寒流突然袭击。安排专人测量施工期间的室外气温，暖棚内气温，砂浆、混凝土的温度并做好记录。

(3) 进入冬期施工前，对掺外加剂人员、测温保温人员、锅炉司炉工和火炉管理人员等关键性岗位人员，应专门组织技术业务培训，明确各自的岗位职责。

(4) 进入冬期施工的工程分部、分项工程，必须进行施工图纸复核，并征求设计单位意见，确保其满足技术、经济、安全等方面的要求。

8-4 砌体工程冬期施工应做哪些施工前准备工作？

(1) 施工单位应提前准备好冬期施工所需的施工人员、材料、热源设备的进场计划。

（2）做好现场搅拌机棚、卷扬机棚、消防设备及其管道的防冻维护，保证冬期施工期间正常运转。

（3）搭建加热用的锅炉房、搅拌站，敷设管道，对锅炉进行试火试压，对各种加热的材料、设备要检查其安全可靠性。

（4）做好冬期施工混凝土、砂浆及掺外加剂的试配试验工作，提出施工配合比。

（5）计算热源用量，搭设加热用锅炉房，敷设管道，接通临时供水、供电管线。

8-5 砌体工程冬期施工对材料的要求是什么？

（1）普通砖、空心砖、灰砂砖、混凝土小型空心砌块、加气混凝土砌块和石材在砌筑前，应清除表面污物、冰雪等，遭水浸后冻结的砖或砌块不得使用。

（2）砂浆宜优先采用普通硅酸盐水泥拌制；冬期砌筑不得使用无水泥拌制的砂浆。

（3）石灰膏、黏土膏或电石膏等宜保温防冻，如遭冻结，应经融化后方可使用。受冻而脱水风化的石灰膏不可使用。

（4）拌制砂浆所用的砂，不得含有直径大于 10mm 的冻结块和冰块，使用前应过筛。

（5）拌合砂浆时，水的温度不得超过 80℃，砂的温度不得超过 40℃。当水温超过规定时，应将水、砂先行搅拌，再加水泥，以防出现假凝现象。

砂浆使用温度应符合以下规定：
1）采用掺外加剂法时，不应低于 +5℃；
2）采用氯盐砂浆法时，不应低于 +5℃；
3）采用暖棚法时，不应低于 +5℃。

（6）冬期砌筑砂浆的稠度，宜比常温施工时适当增加。可通过增加石灰膏或黏土膏的办法来解决，具体要求见表 8-2 所列。

冬期砌筑用砂浆的稠度参考　　　　　表 8-2

砌体种类	稠度(cm)
砖砌体	8~13
人工砌的毛石砌体	4~6
振动的毛石砌体	2~3

（7）冬期砌筑砖石结构时所用的砂浆温度不低于表 8-3 的规定。

冬期砌筑砖石的砂浆温度参考　　　　　表 8-3

| 空气温度(℃) | 砂浆在砌筑时的温度(℃) | |
	冻结法	抗冻砂浆法
−10 以上	+10	+5
−10~−20	+15	+10
−20 以下	+20	+15

（8）现场材料应分类集中堆放，必要时应遮盖，以防霜冻侵袭。

8-6　砌体工程冬期施工有哪些质量要求？

砌体工程冬期施工除了对所用材料要求外，还应注意以下几点：

（1）砌砖宜采用"三一砌砖法"，即一铲灰、一块砖、一挤揉。若采用铺灰器时，铺灰长度要尽量缩短，防止砂浆温度降低太快。

（2）砖砌体的水平和垂直灰缝的平均厚度不可大于 10mm，个别灰缝的厚度也不可小于 8mm，施工时要经常检查灰缝的厚度和均匀性。

（3）每天收工前，将垂直灰缝填满，上面不铺灰浆，同时用草帘等保温材料将砌体上表面加以覆盖。第二天上班时，应先将砖石表面的霜雪扫净，然后再继续砌筑。

（4）砌毛石基础时，砌体应紧靠槽壁，或在砌筑过程中随时用未冻土、炉渣等填塞沟槽的空隙。

（5）如基土为冻胀性土时，应在未冻的地基上砌筑基础，且在施工时及完工后，均应防止地基遭受冻结，已冻结的地基需开冻后方可砌筑。

（6）冬期砌筑工程要加强质量控制。在施工现场留置的砂浆试块，除按常温规定要求外，尚应增设不少于两组与砌体同条件养护试块，分别用于检验各龄期强度和转入常温28d的砂浆强度。

（7）当采用掺盐砂浆法施工时，宜将砂浆强度等级按常温施工的强度等级提高一级。

（8）配筋砌体不得采用掺盐砂浆法施工。

当采用掺盐砂浆砌筑配筋砌体时，对钢筋应采取防腐措施：1）涂刷樟丹二道；2）涂刷沥青漆；3）涂刷防锈涂料，待涂料干燥后方可砌筑，施工时注意表面不可擦伤。

（9）在冻结法施工的解冻期间，应经常对砌体进行观测和检查，如发现裂缝、不均匀下沉等情况，应立即采取加固措施。

8-7 砌体工程冬期施工有哪些施工方法？

砌体工程冬期施工由来已久，施工方法也较多，随着建筑施工技术的发展，特别是外加剂的大量应用，目前，我国砌体工程冬期施工采用的主要施工方法有外加剂法、冻结法和暖棚法三种。

除以上三种方法外，还有蓄垫法、蒸汽法和电热法等。冬期施工采用哪一种施工方法较好，要根据施工所在地气温变化情况和工程的具体情况而定，一般以采用外加剂法为宜，严寒地区宜采用冻结法，个别荷载很大的结构，急需使局部砌体具有一定强度和稳定性的工程，一般采用暖棚法、蒸汽法或电热法施工。但这些方法，成本费用较高，一般不宜采用。

8-8 外加剂法冬期施工有哪些特点和注意事项？

(1) 工艺特点：将砂浆的拌合水预先加热，砂和石灰膏（黏土膏）在搅拌前也应保持正温，使砂浆经过搅拌、运输，于砌筑时具有5℃以上正温。在拌合水中掺入外加剂如氯化钠（食盐）、氯化钙或亚硝酸钠，砂浆在砌筑后可以在负温条件下硬化，因此不必采取防止砌体沉降变形的措施。当采用氯盐时，由于氯盐对钢材的腐蚀作用，在砌体中埋设的钢筋及钢预埋件，应预先做好防腐处理。

(2) 注意事项

1) 为了保证砂浆在铺筑时温度不低于+5℃，其加热温度应根据气温情况而异，见表8-4所列。

氯化砂浆的温度要求　　　　表 8-4

室外温度(℃)	搅拌后的砂浆温度(℃)	
	无风天气	有风天气
0～-10	+10	+15
-11～-20	+15～+20	+25
-21～-25	+20～+25	+30
-26以下时	不得施工	不得施工

2) 若需在掺盐砂浆中掺微沫剂，盐类溶液和微沫剂溶液必须在拌合中先后加入。

3) 采用掺盐砂浆砌筑时，应对拉结筋等预埋铁件做好防腐处理。方法是涂樟丹漆、沥青漆或防锈涂料。

4) 下列工程严禁采用抗冻砂浆法施工：发电厂、变电所等工程；装饰要求较高的工程；湿度大于60%的工程；经常受高温（40℃以上）影响的工程；经常处于水位变化的工程；配有钢筋未能做防腐处理的砌体。

（3）掺用氯盐的砂浆砌体不得在下列情况下采用：

1）对装饰工程有特殊要求的建筑物；

2）使用湿度大于60%的建筑物；

3）配筋、钢埋件无可靠的防腐处理措施的砌体；

4）接近高压电线的建筑物（如变电所、发电站等）；

5）经常处于地下水位变化范围内，以及在水下未设防水层的结构；

6）经常受40℃以上高温影响的建筑物。

8-9 冻结法冬期施工有哪些特点及注意事项？

（1）工艺特点

冻结法是指采用不掺有化学外加剂的普通水泥砂浆或水泥混合砂浆进行砌筑的一种冬期施工方法。在负温条件下，采用冻结法施工的砂浆工作状态要经过冻结、融化、硬化三个阶段。其中，第一阶段为冻结阶段，在冻结阶段过程中，砂浆强度最高。第二阶段为解冻阶段，在解冻过程中，砂浆由固态变为塑态，由于砂浆遭冻后强度降低，砂浆与砌体间的粘结力相应减弱，致使砌体在此期间的稳定性较差，变形和沉降要比常温施工增加10%～20%。第三阶段是转入正温硬化阶段，在正温硬化过程中，砂浆强度不断增长，但是最终强度有一定的损失。因此，采用冻结法施工时，砂浆的强度等级应根据实际气温情况适当提高1～2级。由于冻结法允许砂浆在砌筑后遭受冻结，且在解冻后期强度仍可继续增长，在施工中不掺化学外加剂，所以对有保温、绝缘、装饰等特殊要求的工程和受力配筋砌体以及不受地震区条件限制的其他工程，均可采用冻结法施工。

（2）采用冻结法施工时应注意以下几点：

1）冻结法施工时，砂浆使用时的温度不应低于+10℃，如设计中无要求时，当平均温度在-25℃以上时，砂浆强度等级提高一级；当平均气温低于－25℃时，则应提高二级。

2）为了保证采用冻结法砌筑的砌体在解冻时的稳定性，应采取以下措施：

① 在墙的拐角处、交接处和交叉处每50cm设置拉结筋一道。

② 当每一层楼的砌体砌筑完毕后，应及时安装（或浇筑）梁板或屋盖。当采用预制构件时。应将其端部锚固在墙砌体中。

③ 支承跨度较大的梁、过梁及悬臂梁的墙，在解冻来临前，应该在梁的下面加设临时支柱，并加楔子用以调整结构的沉降量。

④ 门窗洞口上部应预留砌体的沉降缝隙，宽度不小于5mm。砌体中的孔洞、凹槽、接槎等在开冻前应填砌完毕。

⑤ 每天砌筑高度及临时间歇的砌体高差均不得大于1.2m。砌筑时一般应采用一顺一丁砌筑法，砌体灰缝控制在8～10mm。

⑥ 跨度大于0.7m的门窗过梁，一般应采用钢筋混凝土预制过梁。

⑦ 在墙和基础中，不允许留设未经设计部门同意的水平槽和斜槽。

⑧ 墙砌体内如搁置大梁，其上需预留1～2cm的空隙，以利解冻砌体沉降。

⑨ 在解冻前应做好检查，应把楼板上的意外荷载（如建筑材料、垃圾等）清理掉。

3）下列砖砌体，不得采用冻结法施工：

① 空斗墙；

② 毛石墙；

③ 砖薄壳、双曲砖拱、筒拱及承受侧压力砌体；

④ 在解冻期间可能受到振动或动力荷载的砌体；

⑤ 在解冻期间不允许产生沉降的砌体。如筒拱支座等；

⑥ 混凝土小型空心砌块砌体。

8-10 暖棚法冬期施工有哪些特点和注意事项？

(1) 工艺特点：暖棚法是利用简易结构和廉价的保温材料，将需要砌筑的砌体和工作面临时封闭起来，棚内加热，使之在正温条件下砌筑和养护。暖棚法费用高，热效低，劳动效率不高，因此宜少采用。一般在地下工程、基础工程以及量小又急需使用的砌体，可考虑采用暖棚法施工。

(2) 暖棚的加热方法：可优先采用热风装置，如用天然气、焦炭炉等，必须注意安全防火。

(3) 暖棚法施工的注意事项：

1) 用暖棚法施工时，砖石和砂浆在砌筑时的温度均不得低于5℃，而距所砌结构底面0.5m处的气温也不得低于5℃。

2) 确定暖棚的热耗时，应考虑：围护结构的热量损失，基土吸收的热量（在砌筑基础时和其他地下结构时）和在暖棚内加热或预热材料的热量损耗。

3) 砌体在暖棚内的养护时间，根据暖棚内的温度，按表8-5确定。

暖棚法砌体的养护时间　　　　　　　　表 8-5

暖棚内温度(℃)	5	10	15	20
养护时间(d)	≥6	≥5	≥4	≥3

4) 砌筑条形基础或类似结构时，暖棚的构造可参考图8-1。

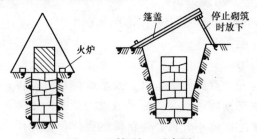

图 8-1　暖棚施工示意图

8-11 砌体工程冬期施工应做哪些防火、安全准备工作？

（1）脚手架、马道要钉防滑条，露天平台、扶梯、道路等要采取防滑措施。

（2）雪后必须将架子上的积雪清扫干净，并检查马道平台，如有松动下沉现象，务必及时加固处理。

（3）施工时如接触汽源、热水，要防止烫伤；使用氯化钙、漂白粉时，要防止腐蚀皮肤。

（4）有毒的外加剂（如亚硝酸钠），要严加保管，防止发生误食中毒。对于腐蚀性强的外加剂，应弄清其性能。

（5）对现场汽源、电源、热源地点要悬挂警示标志，加强管理。

（6）使用天然气、煤气时，要防止爆炸；使用焦炭炉、煤炉或天然气、煤气时，应注意通风换气，防止煤气中毒。

（7）电源开关、控制箱等设施要加锁，并设专人负责管理，防止漏电触电。

（8）对保温暖棚、保温材料堆场、仓库等，要组织防火值班，杜绝火灾隐患。

（9）使用明火应有审批手续，备足消防设施。

8-12 雨期施工如何界定？降雨强度是如何划分的？

雨期施工是指在降雨量超过年降雨量5%以上的降雨集中季节进行的施工。

降雨量是指一定时间段内，一次或多次降落到地面上的雨水未经蒸发、渗透和流失等作用，在水平面上累积的水深，一般以毫米计。

降雨强度是指单位时间内的降雨量。其标准：

小雨——12h内雨量小于5mm或24h内雨量小于10mm；

中雨——12h 内雨量为 5～14.9mm 或 24h 内雨量为 10～24mm；

大雨——12h 内雨量为 15～29.9mm 或 24h 内雨量为 25～49.9mm；

暴雨——12h 内雨量为 30～50mm 或 24h 内雨量为 50～100mm；

大暴雨——12h 内雨量为 50.1～140mm 或 24h 内降雨量为 100.1～200mm；

特大暴雨——12h 内降雨量超过 140mm 或 24h 内降雨量超过 200mm。

8-13 雨期施工对砌体质量有哪些影响？

雨期，砖淋雨后吸水过多，甚至达到了吸水饱和，表面会形成水膜；同时，砂子含水率大，也会使砂浆稠度值增加，易产生离析。这样，对砌体质量将产生以下影响：

（1）砌筑时，会出现砂浆被挤出砖缝，产生坠灰现象，使砖浮滑放不稳。

（2）当砌上皮砖时，由于上皮灰缝中的砂浆挤入下皮砖的浆口"花槽"中，下皮砖产生向外移动，凸出墙面，使砌筑工作不能顺利进行。

（3）竖缝的砂浆，易被雨水冲掉，使水平缝的压缩变形增大，墙砌的越高，变形越大。

这样，轻则产生墙面凹凸不平，重则会引起墙身倒塌。

8-14 雨期施工应做哪些准备工作？

1. 技术准备

（1）熟悉图纸，牢记各种砌筑材料的强度等指标。

（2）编制专项雨期砌筑工程施工方案。

（3）提前对砌筑操作人员进行技术交底、安全培训。

2. 材料准备

（1）砌筑材料应集中堆放，不宜浇水。

（2）对于水泥等怕雨淋的材料应放置与室内或封闭的施工棚内，并在底部架空垫高，保持通风。

（3）露天堆放的材料如砂子、砌块、砖块在下雨时应覆盖塑料薄膜、芦席等材料以免雨淋。

（4）砂子宜优先采用中粗砂，而且应该垫高放置，并覆盖防雨材料。

3. 机具准备

（1）机电设备的电闸要采取防雨、防潮措施，并安装接地保护装置，防止漏电、触电事故。

（2）塔式起重机应该详细检查其接地装置、接地体深度、距离、棒径、地线截面均应符合有关要求。

4. 现场准备

（1）做好场地周边防洪排水措施，疏通现场排水沟道。

（2）为防止脚手架下沉，应加固脚手架底部与地面的连接。

（3）现场道路应碾压坚实，铺垫焦渣或天然级配砂子，两旁做好排水沟。

（4）基础砌筑施工前应做好基础垫层。

8-15 雨期施工应采取哪些防范措施？

雨期施工主要以防为主，采取防雨措施及加强排水手段，确保雨期施工正常进行，不受季节气候的影响，具体措施如下：

（1）运输砂浆时要防止雨淋，可以在推车上覆盖防雨材料，砂浆宜随拌随用，不宜大量堆放。

（2）适当减少水平灰缝的厚度，控制在8～9mm为宜。

（3）砌筑时宜采取"三一"砌法，每天的砌筑高度不宜超过1.2m。

(4) 遇到大雨、暴雨、雷雨时,应停止砌筑施工。

(5) 收工时应在墙面上盖一层干砖,并用防雨材料(如油布或塑料薄膜等)覆盖,防止雨水冲掉砌筑砂浆,影响砌体质量。

对蒸压(养)灰砂砖、粉煤灰砖及混凝土小型空心砌块砌体,雨期不宜施工。

(6) 砌筑清水墙时应随时勾缝。

(7) 外露的参线、钢筋等其他预埋件,应采取包裹措施。

(8) 金属脚手架和高耸设备,应有防雷接地设施。脚手板等应增设防滑措施。

(9) 雨期施工,操作人员易受雨寒,应备好姜汤和药物以驱除寒气。应配备雨衣等防护用品,确保工人的健康安全。

(10) 严格控制"四口、五临边"的围护,基坑要补强护坡。

8-16 有台风地区施工应注意哪些方面?

在有台风的地区要注意以下几点:

(1) 控制墙体的砌筑高度,以减少受风面积。

(2) 在砌筑时,最好四周墙同时砌,以保证砌体的整体性和稳定性。

(3) 控制砌筑高度以每天一步架为宜。

(4) 为了保证砌体的稳定性,脚手架不要依附在墙上。

(5) 无横向支撑的独立山墙、窗间墙、独立柱子等,应在砌好后适当用木杆、木板进行支撑,防止被风吹倒。

季节施工时,还要根据具体施工条件,制定相应的措施,做到符合客观规律,保证工程质量。

8-17 什么是"三宝、四口、五临边"? 安全防护设施有哪些?

"三宝"是建筑工人安全防护的三件宝,即安全帽、安全带、安全网;"四口"防护即在建工程的预留洞口、电梯井口、通道口、楼梯口的安全防护设施;"五临边"防护即在建工程的楼面临边、屋面临边、阳台临边、升降口临边、基坑临边的安全防护设施。

"三宝、四口、五临边"防护的具体做法一般是:

现场人员坚持使用"三宝"。进入现场人员必须戴安全帽并系紧帽带,穿胶底鞋,不得穿硬底鞋、高跟鞋、拖鞋或赤脚、高处作业必须系安全带。

做好"四口"的防护工作。在楼梯口、电梯口、预留洞口设置围栏、盖板、架网,正在施工的建筑物出入口和井字架,门式架进出料口,必须搭设符合要求的防护棚,并设置醒目的标志。

做好"五临边"的防护工作。五临边指阳台周边、屋面周边、框架工程楼层周边、跑道、斜道两侧边、卸料平台的外侧边。"五临边"必须设置1.0m以上的双层围栏或搭设安全网。

参考文献

[1] 候君伟. 砌筑工手册. 北京：中国建筑工业出版社，2006.
[2] 张昌叙等. 砌体工程施工质量问答. 北京：中国建筑工业出版社，2004.
[3] 朱照林. 砌筑工长实用技术手册. 北京：中国电力出版社，2008.
[4] 吕剑. 砌筑工工长手册. 北京：中国建筑工业出版社，2008.
[5] 胡兴福. 砌体结构工程施工. 北京：高等教育出版社，2009.
[6] 本书编委会. 砌筑工长一本通. 北京：中国建材工业出版社，2009.
[7] GB 50203—2011 砌体结构工程施工质量验收规范. 北京：中国建筑工业出版社，2011.